Vision

財務策略個案分析

Financial Tactic

推薦序 國立高雄科技大學 金融系教授 洪志興

作者群 國立高雄大學 亞太工商管理學系 榮譽教授 李博志 華中科技大學公共管理學院 管理學博士 陳延宏
又新整合行銷有限公司 資深行銷顧問 劉惠娟 麥茵茲美形診所 醫師 陳俊傑
九大消化系專科聯盟總院院長 施永雄 漢意科技股份有限公司 總經理 黃惠君
台灣自來水公司 第二區管理處桃園服務所工務股股長 傅懷民

推薦序

非常開心，能看到李博志教授與陳延宏先生一起合著的「財務策略個案分析」。李博志教授在南台灣經濟學術領域是有名的學者，曾擔任過加拿大政府部門高級分析師，以及國立高雄大學學術與行政副校長的職務。延宏是我認識已久的朋友，他這幾年在管理和金融領域累積許多學術與實務經驗，今天很高興能看到延宏和李博志教授合著的書籍，特此作推薦序。

企業以營利為目的，所以需以「實現股東最大利益」為首要任務。要達成任務，必須要在事前進行深入、仔細的策略規劃，並且要有相關資料可以驗證該策略方案的執行是可行的。當策略開始執行的過程，難免會碰到許多突發狀況，如何在策略規劃時期設想這些突發狀況並處理、如何應對未設想到的突

發狀況、策略執行完成後，後續該如何將檢討的內容轉變為企業永久的資產並運用於日後的策略規劃與執行中，這些對於企業都是重要的課題，也是實現股東最大的利益所必需的努力。

但是，為了執行策略，需要有財務的支持。財務是企業的血液，有健全的財務，才有更多的策略方案可以被設計與選擇。因此，如何確保企業財務的健全，讓財務成為真正可以支持企業運作的後盾，這就是財務策略的功能。

市面上有許多財務管理書籍與策略管理書籍，但是將財務管理與策略管理結合，並用以說明財務策略如何支持企業策略，最有名的是柯普蘭與諾頓的平衡計分卡，但是平衡計分卡是一套完整的架構體系，本書想要試著從另外一種方向去詮釋財務策略如何支持企業策略。

本書的內容以財務策略，或稱企業理財，與企業策略的分析方式作為主軸，並採用個案解說的方式，解釋如何分析企業為何要執行這樣的策略，而這樣的策略又該如何被財務策略所支持。本書架構分為：導論一章，先建立讀者對於企業策略與財務管理的基礎背景知識；個案三章，每一章個案都有產業的介紹、個案企業的介紹、財務策略如何支持企業策略，最後會附上幾個問題，讓讀者從問題中思考與沙盤推演如何制定財務策略；最後一章是特殊個案，以現今最新的COVID-19為案例，讓讀者可以思考在面對這種全球性與全面深入各階層的情況下，如何制定財務策略以度過難關。

本書的最終目標，是希望讀者能將所學的知識，變成是手邊的問題解決工具箱，並且能思考出一套分析模式，用以發現問題，並運用手邊的工具解決問題。如果沒有適用的工具，就應該要自己動手做一個。這才是我們在學習任何新知時應該要有的精神與態度，這對於讀者而言也是一種好的學習典範。

國立高雄科技大學金融系教授 洪志興

2020年5月於高雄

目錄

表目錄

圖目錄

導論、企業財務策略的重要性

財務是公司的血液，這句話精準傳達了財務對公司的重要性，您的公司擁有哪些可用的財務資源、哪邊是營業收入來源、負債有多少要還、怎麼規劃財務以支持企業策略等等，這些就是企業的財務活動，也就是所謂的財務策略。財務策略，就是一種考量如何規劃公司的財務條件以及達到預期的財務目標，並且安排財務的收入與支出時程，以支持企業策略的運用的執行策略。

◆企業理財概論

如果使用具有系統性的方法執行財務策略，便是所謂的企業理財，或者稱為財務管理。廣義來講，企業理財就是資產配置的過程；具體來講，企業理財就是利用資金創造與提升總體

收益的一個過程。所以舉凡企業增資、廠房布建、投資策略、股票政策等等，都會牽涉到如何回收，收益率多少、如果與借貸相關，還會評估利率與風險等成本相關問題。要執行企業理財之前，我們要先了解財務最重要的三大表：資產負債表、損益表、現金流量表。

資產負債表

是一張總結某一段時間點的財務狀況，包含了資產、負債和股東權益三的部分：

資產＝負債＋股東權益

資產通常包含現金、不動產、生產相關設備、股票或債券、應收帳款等。負債通常是應付帳款、借貸等。股東權益則是一些與股東相關的項目，例如：保留盈餘、庫藏股等等。資產負債表提供和財務策略相關的決策用資訊，包括：營運資金、存貨、財務槓桿和整體的財務結構等。

損益表

損益表最主要的功能就是表示企業的「盈虧」，內容主要涵蓋了企業的營收和費用項目，其中必須關注的就是「稅後淨利」，代表企業最後能入帳的錢。損益表能提供和財務策略相關的決策用資訊包括：管理預算、營收項目、管理損益等。

現金流量表

現金流量表，是最具體的、與企業理財直接相關的一張表，因為其代表的是一段期間內企業的資金的收入與支出狀態，該表被分類為：經營活動、投資活動、籌資活動三大部分。這張表最直接的用途就是預算規劃。

當然，還有一張很重要的報表－股東權益變動表，是記載資產負債表上的股東權益的細節部分。但因為財務策略最常關心的主要還是現金流、財務安排，以及資產和負債的細項部分，股東權益一般來講會比較像是一種「限制式」的概念，因此所需的資訊就是資產負債表上的股東權益項目即足夠使用，因此我們在探討財務策略或是企業理財的時候，往往就是依賴和運用前述三大表來執行。而要做出一個好的財務策略，以下

的重點必須掌握：

1. 優質的財報分析。

2. 理解獲利與現金的差異，收入與支出的時間點安排。

3. 理解財務指標的意義與求得方式。

4. 策略決策的成本效益、預估報酬、還本期、損益兩平點、績效的考核追蹤。

5. 獲利模式。

6. 企業策略的選擇與執行方式。

優質的財報分析，來自於結構化的檢視企業的財務能力。可以根據財務分析。現行台灣在主動公開的企業財務分析的揭露實務上，是採用國際財務報導準則，具體項目包含表1揭露的資訊：

表1 企業財務分析－國際財務報導準則相關項目

構面	項目	內容
財務結構(%)	負債占資產比率	負債總額/資產總額
	長期資金占不動產、廠房及設備比率	(權益總額+非流動負債)/不動產、廠房及設備淨額

償債能力(%)	流動比率	流動資產/流動負債
	速動比率	(流動資產-存貨-預付費用)/流動負債
	利息保障倍數	所得稅及利息費用前純益/本期利息支出
經營能力	應收款項週轉率(次)	銷貨淨額/各期平均應收款項餘額
	平均收現日數	365/應收款項週轉率
	存貨週轉率(次)	銷貨成本/平均存貨總額
	應付款項週轉率(次)	銷貨成本/各期平均應付款項餘額
	平均銷貨日數	365/存貨週轉率
	不動產、廠房及設備週轉率(次)	銷貨淨額/平均不動產、廠房及設備淨額
	總資產週轉率(次)	銷貨淨額/平均資產總額
獲利能力	資產報酬率(%)	[稅後損益+利息費用×(1-稅率)]/平均資產總額
	權益報酬率(%)	稅後損益/平均股東權益淨額
	純(損)益率(%)	稅後損益/銷貨淨額
	每股盈餘(元)	(稅後淨利-特別股股利)/加權平均已發行股數
現金流量	現金流量比率(%)	營業活動淨現金流量/流動負債
	現金流量允當比率(%)	最近五年度營業活動淨現金流量/最近五年度(資本支出+貨增加額+金股利)
	現金再投資比率(%)	(營業活動淨現金流量-金股利)/(產毛額+期投資+他資產+運資金)

槓桿度	營運槓桿度	(業收入淨額-動營業成本及費用)/業利益
	財務槓桿度	營業利益/(營業利益-利息費用)

上述財務指標，可以讓您對一家公司的財務狀況進行快速檢視，以預期企業可以設計的財務策略的內涵或是方向，後續便是財務策略目標達成後，要如何支持企業策略的執行等相關議題。

而理解獲利與現金的差異，收入與支出的時間點安排，具體來說就是要了解應收帳款和現金的差異。因為在會計上，應收帳款與現金收入都是營收的一部份，只是一個是已經收到貨款，一個是在未來時間點才會回收，此時就有兩個重要的事情要去思考了：接下來有哪些活動會用到錢？ 什麼時候要用到多少錢？ 當然這與預算也有關係，但預算就是財務資源，最直接的部分就是現金流，如果有資金缺口，大多以未來的收益或是借貸進行補足。因此對於營收與現今的差異之了解，攸關企業的財務挹注時程，以及後續營運是否能順暢。

理解財務指標的意義與求得方式，是企業經理人的基本功。理解其意義與求得方式，才能反向檢視，企業財務與營運績效如何產生連結，是否有哪些部門出現狀況，甚至進行稽核與企業治理。

策略的成本效益、預估報酬、還本期、損益兩平點、績效的考核追蹤，攸關企業如何決定財務的投資方案、回收所需時間、預計成本付出與獲利收入的時程表、可獲得多少報酬、有哪些成本需付出、以及投資的後續績效追蹤，未達成預期目標將如何擬定補救策略等等。

獲利模式，簡單的講就是企業實際產生獲利的運作過程，也就是企業要如何賺錢。該部份所描述的是企業的業務活動，是一間企業最主要的存在目的。而獲利模式會決定企業在未來有多少資金可以使用，企業策略的設計與獲利模式有關，所以獲利模式也會牽涉到執行成本，以及獲利效率的議題。因此，如果要有完全的財務策略規劃，最好也要能考量到企業的獲利模式。

企業在執行企業策略的選擇與執行方式，就會考量前述所有的重點，才能規劃可支持的財務策略，從中也可看出，財務對於一間企業的重要性來說，是不言而喻的。

企業理財首重企業的策略目標，並以此展開投資、營運、籌資和股東權益分配的四大機能。這四大機能將支持企業的策略，因此也可被稱為財務策略的執行。投資是指公司未來為獲取收益，將資金投注在某一標的物上的活動，例如買賣股票、債券、建立廠房和購買設備以利日後生產等等；營運是指營運的資金，也就是所謂的金流活動，例如營收、應收帳款催收管理、短期商業信用借貸、資金使用分配、財務槓桿操作、人員招募、營運成本等等；籌資是滿足公司對資金的需求，並減少相關的成本與風險，例如發行股票、債券、融資貸款、租賃、賒購等等；股東權益分配則是企業的營收要如何分配給股東的活動。在執行企業理財活動時，上述四大活動，都有各自所對應的關係人，因此在執行時，也應考量到與關係人的互動。上述四大機能是企業理財的實際執行的活動，要如何執行，就是財務的管理功能，也就是：財務分析、財務預算、財務控制。以下就四大機能與三大功能進行說明：

財務機能-籌資

籌資是指企業根據其營運策略、資本結構調整、對外投資等需要，而透過管道獲取資金的活動機能。這些籌資名目背後亦有諸多原因可以探討，大致上如下所列：

1. **擴張**：企業為因應長遠發展，企業將會擴展營運規模或是擴大資本額所需。
2. **開業**：創業初期需要各種資金挹注。
3. **調整**：為了健全財務體質，需要將各種資產和債務做調整，就有可能需要資金的運用。
4. **償債**：為了償還到期債務，但是資金卻不足以因應時，便需要籌資。
5. **混合**：大部分的籌資原因通常不會是單一狀況，有許多都是一種原因籌資後又衍生出多種籌資需求，所以導致大部分籌資的背後因素都是混合的。

根據企業的籌資動機進行資金需求量的預測，這包含對取得成本和機會成本的考量、本身的債務狀況償還時程、以及資

金獲取效率和獲得方式，而這些將決定用哪些方法取得。

籌資的具體方法，一般的有以下分類：關係人直接投資、發行股票、借貸融資、商業信用、發行公司債、融資性租賃、股東直接投資、企業內部累積資金。端賴企業的資金需求以及企業策略而定。

財務機能-投資

投資所指的是預計要在未來創造可持續收入的金流，因此必須對某一特定的投資物型資金或是代價的投入，以換取為金流收入。一般的投資項目分類如表2所示：

表2 投資項目分類

投資分類項目	類別	說明
投資方向	對內	投資企業業務經營所需的項目。
	對外	投資金融商品、財務資產等對外單位的投資。
生產經營	直接	投資可以幫助企業經營，產生金流的營業用資產。
	間接	投資於可用來獲取股利或股息的投資。
回收期間	短期	在未來一年內可以產生金流的投資。
	長期	長期可持續產生金流的投資，例如廠房設備。

風險程度	確定性	可精準預期到未來金流狀況之投資。
	不確定性	難以預期未來未來金流狀況之投資。

因為投資活動是一種需要支出金流，而且對於未來回收是有不確定性的財務機能，因此企業在做投資活動時，往往都有一套流程，並且會進行可行性評估，可行性評估會在後續章節提到，企業投資的決策流程如下表3所示：

表3 企業投資決策流程

流程步驟	說　明
1.設定目標	確認公司策略需求，設定需要達成的財務支援目標。
2.評估財務可行性	評估市場、技術、企業的財務條件和營運條件，設計可能的方案。
3.方案的評估、比較、選擇	在財務可行性評估的基礎上選擇適當的方案。
4.方案執行	執行方案。
5.回饋與績效評估	在執行過程以及執行結束後，過程產生的各種回饋用以評估期執行績效，必要時在過程中應實施控制與修正，結束後，修正日後財務可行性的評估準則。

財務機能-營運

營運是指企業平常的生產經營，而營運所需的資金通常都

是短期、充滿變化的，有時候當資本壓在長期投資上，就有可能無多餘的資金可以轉到企業營運上，企業就可能因為短期資金周轉不靈而導致公司倒閉。因此企業的營運資金是很重要的，其重要性不亞於為支持企業策略執行的各項重大投資和籌資活動。一個簡單的營運資本的結構如下所示：

營運資本 = 流動資產 - 流動負債 =（現金或銀行存款、短期投資、應收帳款、應收票據、存貨、預付費用等等）-（短期借貸、應付票據、應付賬款、預收賬款、應付工資、應付股利、應繳稅金、預提費用、其他應付款或流動負債等等）

營運資本的管理有以下特點：

1. 周期短。
2. 非現金型態的營運資本容易變現，例如：存貨、應收帳款等等。
3. 外部環境和營運業務的交叉作用會導致營運資本的波動。
4. 企業自身的應變能力會影響營運資本的相關活動。

營運資本管理的基本重點：

1. 合理的資本需求

2. 資本使用效率

3. 節省資本使用成本

4. 足夠的短期償債能力

要有效執行財務的資本機能，可以從以下四面向去探討：

1. **現金**：衡量收支狀態、應運用制度與預算進行管控、維持一定程度的現金在手邊，建立支出管理策略。

2. **應收應付項目**：指企業的賒銷與賒付，應建立客戶信用制度，篩選客戶，確保應付項目的回收，同時自身也應備妥支付計劃，以免破壞與供應商的關係。

3. **存貨和原物料**：存貨的管理可分為企業內和經銷商、原物料的管理可分為供應商和廠內，這兩部分必須合併檢視，因為兩邊的存貨應視為一整體，如果資訊不對稱有可能造成重複下訂或是缺貨的狀況。

4. **債務**：應事前規劃可負擔債務額度，並擬訂可行的償債

計劃，執行融資或信用等債務項目出現後，才能按計劃還清負債，達到有效管理。

財務機能–股東權益分配

企業的最大目標就是最大化股價值，反映的就是股東權益分配。權益分配是股東的權利，但是不當的分配會造成企業的資金缺口，無法進行新年度的投資與因應平日的經營。因此如何進行股東權益分配，也是一項重要的財務機能。要管理股東權益分配，通常有三個主要的方向，整理如表4所示：

表4 股東權益分配管理方向

方向	說明
股利政策	指對與股利有關的政策和策略，例如是否發放、發放多少及何時發放，涉及將企業決策是否將收益分配給股東或是留存以用於投資。常有以下幾種決策：剩餘股利、穩定股利、固定股利、正常股利加額外股利。
股票分割	指將較大面值的股票拆成較小面值，使發行的股票總數增加。可以增加更多分派股利或股息的金額。股票分割的作用使該股票易於流動；降低股票價格，促進新股的發行；有助於企業併購的實施；對抗惡意收購。

買回庫藏股	企業將自己已經發行的股票重新買回，存放於公司，而尚未註銷或重新售出。可以減少市場上所有已發行股票的總數、作為股東回報可以省稅、回購偏低價的自家股票，刺激企業自身的交易量與股價、用於提供公司內部的等員工福利。

財務功能-財務分析

財務分析通常是以年報為基礎，依照一間公司數年的年報，再配合外部資料庫或是產業分析報告，建構外部總體環境與企業個體條件後進行比較分析，提出判斷一間企業現階段企業體質、企業策略的有效性以及企業價值的整體評估的一種功能。以我國實務來說，財務分析通常會運用公司的股東會年報進行分析，年報架構如下：公司治理報告、募資情形、營運概況、財務概況、財務狀況及財務績效之檢討分析與風險事項、特別記載事項、最近年度及截至年報刊印日止，若發生證券交易法第三十六條第三項第二款所定對股東權益或證券價格有重大影響之事項。

財務分析的目的包含：綜合評價企業的財務狀況，已評估未來的發展策略以及是否要改善公司的營運方針、提供企業內部各部門制訂相關計劃之用、外部關係人與政府檢核用。財務分析通常有下流程：

1. 確定分析目的。

2. 蒐集資料。

3. 選擇分析方法與分析用的目標指標。

4. 分析結果輸出，提供建議。

根據不同的分析目的，財務分析也有不同的方法，分別是比較分析、趨勢分析、因素分析、比率分析，表5是四種分析方法的目的說明：

表5 財務分析方法目的説明

分析方法	說明
比較分析	這是將本其與同期的項目數字進行比較的一種方法，可用以檢視兩期的財務金額的增減狀況。
趨勢分析	運用數期的財務數字進行分析，找出規律，用於預測未來的狀況。
因素分析	運用多個因素與目標指標進行分析，了解其因果關係與影響程度。
比率分析	是將財務指標進行比率組合，而得到不同的企業財務構面的評估結果，例如上表2所示。

財務功能-財務預算

財務預算的擬定主要是為了規劃未來要執行的策略活動而必須提供的財務支持，也是推測企業未來預計要達成的經營成果而做的一種設想與準備。

財務預算同時也是用來檢視營運績效的一種文件，因為他可以檢視每一個產出背後的投入，是否具有財務效率，因此，它是不可或缺的企業控制工具。以下是財務預算設定與編制的流程：

1. 目標設定。

2. 蒐集收入與支出項目的金額，作為相同或相似項目的金額之預測。

3. 編制各部門預算。

4. 審核。

5. 審核結果執行部門的活動與預算。

常見的財務預算的編製方法如下列：

1. 固定預算

2. 彈性預算

3. 增量預算

4. 零基預算

5. 定期預算

6. 滾動預算

財務功能-財務控制

財務控制是要針對資金的支出與收入過程和結果能掌握與修正，確保支持企業策略的財務策略目標能達成。財務控制有三大面向：資金控制、成本控制、風險控制。

資金控制

資金控制的目的，是保障資金能在對的地方使用，並且在正確的時間點使用，好的資金控制能獲得以下的效益：

1. **保障企業資金安全**：防範內部偷竊、貪汙，減少資金不明短缺的問題。

2. **提高企業資金使用效率**：資金的統籌管理與控制，統一調度分配到策略執行或是投資所需之處，提高資金的使用效率。

3. **控制企業財務風險**：資金管控包含時程的安排，以防止到期債務無法清償、企業倒閉、資金鏈斷鏈等問題產生。

資金控制仰賴管理制度的落實，我國《公開發行公司建立內部控制制度處理準則》目前有針對公開上市之公司制定的內部控制制度，可以做為資金控制實務的參考，以下節錄自該法規內容：

第 二 章 內部控制制度之設計及執行

第5條

公開發行公司之內部控制制度，應訂定明確之內部組織結構、呈報體系，及適當權限與責任，並載明經理人之設置、職稱、委任與解任、職權範圍及薪資報酬政策與制度等事項。

公開發行公司應考量公司及其子公司整體之營運活動，設計並確實執行其內部控制制度，且應隨時檢討，以因應公司內

外在環境之變遷，俾確保該制度之設計及執行持續有效。

前項所稱子公司，應依證券發行人財務報告編製準則之規定認定之。

第6條

公開發行公司之內部控制制度應包括下列組成要素：

一、控制環境：係公司設計及執行內部控制制度之基礎。控制環境包括公司之誠信與道德價值、董事會及監察人治理監督責任、組織結構、權責分派、人力資源政策、績效衡量及獎懲等。董事會與經理人應建立內部行為準則，包括訂定董事行為準則、員工行為準則等事項。

二、風險評估：風險評估之先決條件為確立各項目標，並與公司不同層級單位相連結，同時需考慮公司目標之適合性。管理階層應考量公司外部環境與商業模式改變之影響，以及可能發生之舞弊情事。其評估結果，可協助公司及時設計、修正及執行必要之控制作業。

三、控制作業：係指公司依據風險評估結果，採用適當政策與程序之行動，將風險控制在可承受範圍之內。控制作業之執行應包括公司所有層級、業務流程內之各個階段、所有科技環境等範圍及對子公司之監督與管理。

四、資訊與溝通：係指公司蒐集、產生及使用來自內部與外部之攸關、具品質之資訊，以支持內部控制其他組成要素之持續運作，並確保資訊在公司內部，及公司與外部之間皆能進行有效溝通。內部控制制度須具備產生規劃、執行、監督等所需資訊及提供資訊需求者適時取得資訊之機制。

五、監督作業：係指公司進行持續性評估、個別評估或兩者併行，以確定內部控制制度之各組成要素是否已經存在及持續運作。持續性評估係指不同層級營運過程中之例行評估；個別評估係由內部稽核人員、監察人或董事會等其他人員進行評估。對於所發現之內部控制制度缺失，應向適當層級之管理階層、董事會及監察人溝通，並及時改善。

公開發行公司於設計及執行，或自行評估，或會計師受託專案審查公司內部控制制度時，應綜合考量前項所列各組成要

素，其判斷項目除金融監督管理委員會（以下簡稱本會）所定者外，依實際需要得自行增列必要之項目。

第7條

公開發行公司之內部控制制度應涵蓋所有營運活動，遵循所屬產業法令，並應依企業所屬產業特性以營運循環類型區分，訂定對下列循環之控制作業：

一、銷售及收款循環：包括訂單處理、授信管理、運送貨品或提供勞務、開立銷貨發票、開出帳單、記錄收入及應收帳款、銷貨折讓及銷貨退回、客訴、產品銷毀、執行與記錄票據收受及現金收入等之政策及程序。

二、採購及付款循環：包括供應商管理、代工廠商管理、請購、比議價、發包、進貨或採購原料、物料、資產和勞務、處理採購單、經收貨品、檢驗品質、填寫驗收報告書或處理退貨、記錄供應商負債、核准付款、進貨折讓、執行與記錄票據交付及現金付款等之政策及程序。

三、生產循環：包括環境安全管理、職業安全衛生管理、擬訂生產計劃、開立用料清單、儲存材料、領料、投入生產、製程安全控管、製成品品質管制、下腳及廢棄物管理、產品成分標示、計算存貨生產成本、計算銷貨成本等之政策及程序。

四、薪工循環：包括僱用、職務輪調、請假、排班、加班、辭退、訓練、退休、決定薪資率、計時、計算薪津總額、計算薪資稅及各項代扣款、設置薪資紀錄、支付薪資、考勤及考核等之政策及程序。

五、融資循環：包括借款、保證、承兌、租賃、發行公司債及其他有價證券等資金融通事項之授權、執行與記錄等之政策及程序。

六、不動產、廠房及設備循環：包括不動產、廠房及設備之取得、處分、維護、保管與記錄等之政策及程序。

七、投資循環：包括有價證券、投資性不動產、衍生性商品及其他投資之決策、買賣、保管與記錄等之政策及程序。

八、研發循環：包括對基礎研究、產品設計、技術研發、產品試作與測試、研發記錄與文件保管、智慧財產權之

取得、維護及運用等之政策及程序。

公開發行公司得視企業所屬產業特性，依實際營運活動自行調整必要之控制作業。

第8條

公開發行公司之內部控制制度，除包括前條對各種營運循環類型之控制作業外，尚應包括對下列作業之控制：

一、印鑑使用之管理。

二、票據領用之管理。

三、預算之管理。

四、財產之管理。

五、背書保證之管理。

六、負債承諾及或有事項之管理。

七、職務授權及代理人制度之執行。

八、資金貸與他人之管理。

九、財務及非財務資訊之管理。

十、關係人交易之管理。

十一、財務報表編製流程之管理，包括適用國際財務報導準則之管理、會計專業判斷程序、會計政策與估計變動之流程等。

十二、對子公司之監督與管理。

十三、董事會議事運作之管理。

十四、股務作業之管理。

十五、個人資料保護之管理。

公開發行公司設置審計委員會者，其內部控制制度，應包括審計委員會議事運作之管理。

股票已上市或在證券商營業處所買賣之公司，其內部控制制度，尚應包括對下列作業之控制：

一、薪資報酬委員會運作之管理。

二、防範內線交易之管理。

第9條

公開發行公司使用電腦化資訊系統處理者，其內部控制制度除資訊部門與使用者部門應明確劃分權責外，至少應包括下列控制作業：

一、資訊處理部門之功能及職責劃分。

二、系統開發及程式修改之控制。

三、編製系統文書之控制。

四、程式及資料之存取控制。

五、資料輸出入之控制。

六、資料處理之控制。

七、檔案及設備之安全控制。

八、硬體及系統軟體之購置、使用及維護之控制。

九、系統復原計劃制度及測試程序之控制。

十、資通安全檢查之控制。

十一、向本會指定網站進行公開資訊申報相關作業之控制。

第 三 章 內部控制制度之評估

第 一 節 內部稽核

第10條

公開發行公司應實施內部稽核，其目的在於協助董事會及經理人檢查及覆核內部控制制度之缺失及衡量營運之效果及效率，並適時提供改進建議，以確保內部控制制度得以持續有效實施及作為檢討修正內部控制制度之依據。

第11條

公開發行公司應設置隸屬於董事會之內部稽核單位，並依公司規模、業務情況、管理需要及其他有關法令之規定，配置適任及適當人數之專任內部稽核人員，並應設置職務代理人，其代理執行稽核業務應依本準則規定辦理。

公開發行公司內部稽核主管之任免，應經董事會通過，已設置獨立董事者，獨立董事如有反對意見或保留意見，應於董事會議事錄載明。

公開發行公司設置審計委員會者，內部稽核主管之任免，應經審計委員會同意，並提董事會決議，並準用第四條第四項規定。

公開發行公司內部稽核主管有異動者，公司應於事實發生日之即日起算二日內將異動原因及異動內容，以網際網路資訊系統申報本會備查。

前項所稱事實發生日，係指董事會決議日或其他足資確定

稽核主管任免之日等日期孰前者。

第一項所稱適任之專任內部稽核人員應具備條件，由本會另定之。

第12條

公開發行公司之內部稽核實施細則至少應包括下列項目：

一、內部稽核單位之目的、職權及責任。

二、對內部控制制度進行評估，以衡量現行政策、程序之有效性及遵循程度與其對各項營運活動之影響。

三、釐定稽核項目、時間、程序及方法。

第13條

公開發行公司內部稽核單位應依風險評估結果擬訂年度稽核計劃，包括每月應稽核之項目，年度稽核計劃並應確實執行，據以評估公司之內部控制制度，並檢附工作底稿及相關資料等作成稽核報告。

公開發行公司至少應將下列事項列為每年年度稽核計劃之稽核項目：

一、法令規章遵循事項。

二、取得或處分資產、從事衍生性商品交易、資金貸與他人、為他人背書或提供保證之管理及關係人交易之管理等重大財務業務行為之控制作業。

三、對子公司之監督與管理。

四、董事會議事運作之管理。

五、財務報表編製流程之管理，包括適用國際財務報導準則之管理、會計專業判斷程序、會計政策與估計變動之流程等。

六、資通安全檢查。

七、銷售及收款循環、採購及付款循環等重要營運循環。

公開發行公司設置審計委員會者，其年度稽核計劃，應包括審計委員會議事運作之管理。

股票已上市或在證券商營業處所買賣之公司之每年年度稽核計劃，尚應包括薪資報酬委員會運作之管理。

公開發行公司年度稽核計劃應經董事會通過；修正時，亦同。

公開發行公司已設立獨立董事者，依前項規定將年度稽核

計劃提報董事會討論時，應充分考量各獨立董事之意見，並將其意見列入董事會紀錄。

第一項之稽核報告、工作底稿及相關資料應至少保存五年。

第14條

公開發行公司內部稽核人員應與受查單位就年度稽核項目查核結果充分溝通，對於評估所發現之內部控制制度缺失及異常事項，應據實揭露於稽核報告，並於該報告陳核後加以追蹤，至少按季作成追蹤報告至改善為止，

以確定相關單位業已及時採取適當之改善措施。

公開發行公司應就前項所發現之內部控制制度缺失、異常事項及改善情形，列為各部門績效考核之重要項目。

第一項內部控制制度缺失及異常事項改善情形，應包括本會檢查所發現、內部稽核作業所發現、內部控制制度聲明書所列、自行評估及會計師專案審查所發現之各項缺失。

第15條

公開發行公司應於稽核報告及追蹤報告陳核後，於稽核項

目完成之次月底前交付各監察人查閱。

公開發行公司內部稽核人員如發現重大違規情事或公司有受重大損害之虞時，應立即作成報告陳核，並通知各監察人。

公開發行公司設有獨立董事，於依前二項規定辦理時，應一併交付或通知獨立董事。

第16條

公開發行公司內部稽核人員應秉持超然獨立之精神，以客觀公正之立場，確實執行其職務，並盡專業上應有之注意，除定期向各監察人報告稽核業務外，稽核主管並應列席董事會報告。

內部稽核人員執行業務應本誠實信用原則，並不得有下列情事：

一、明知公司之營運活動、報導及相關法令規章遵循情況有直接損害利害關係人之情事，而予以隱飾或作不實、不當之揭露。

二、因職務上之廢弛，致損及公司或利害關係人之權益等情事。

三、逾越稽核職權範圍以外之行為或有其他不正當情事，意圖為自己或第三人之利益，違背其職務之行為或侵占公司資產。

四、對於以前曾服務之部門，於一年內進行稽核作業。

五、與自身有利害關係或利益衝突案件未予迴避。

六、未配合辦理本會指示查核事項或提供相關資料。

七、直接或間接提供、承諾、要求或收受不合理禮物、款待或其他任何形式之不正當利益。

八、其他違反法令或經本會規定不得為之行為。

第17條

公開發行公司內部稽核人員應持續進修並參加本會認定機構所舉辦之內部稽核講習，以提昇稽核品質及能力。

前項內部稽核講習之內容，應包括各項專業課程、電腦稽核及法律常識等。

第一項進修時數之規定，由本會另定之。

第18條

公開發行公司應將內部稽核人員之姓名、年齡、學歷、經

歷、服務年資及所受訓練等資料依規定格式，於每年一月底前以網際網路資訊系統申報本

會備查。

第19條

公開發行公司應於每會計年度終了前將次一年度稽核計劃及每會計年度終了後二個月內將上一年度之年度稽核計劃執行情形，依規定格式以網際網路資訊系統申報本會備查。

第20條

公開發行公司應於每會計年度終了後五個月內將上一年度內部稽核所見內部控制制度缺失及異常事項改善情形，依規定格式以網際網路資訊系統申報本會備查。

該法也有定立會計師專案審查制度的相關法條，由第三方專業人員的檢核與認證，確保公司資金控制能有效運作。

成本控制

成本控制指對企業日常營運還有生產製造等環節所形成的費用或資金耗損的狀態的管理。成本控制的重點要先能找出影響成本變化的因素，再進行控制，使其在合理範圍內支持公司日常營運與生產製造所需。而找出影響成本的因素，還能促進企業營運或是策略的優化，提升企業的競爭力。成本的種類可以從資產負債表上的「負債」項目找到。

透過成本控制，降低生產與管銷成本，讓產品物美價廉，提供更有競爭力的產品價格，以獲得更多的銷售量；或是維持原價格，增加經濟效益，擴大利潤；成本控制牽動許多部門的合作，各部門有可能打破本位主義，調整作業方法找到內部的標竿實務，提升企業的管理品質。

企業行號對於成本控制都會有一套標準流程，內容大致上如表6的步驟流程與內涵，說明如下：

表6 成本控制流程

流程	說明
1.衡量指標的制定	評估公司的條件與狀況，透過計畫指標分解法、預算法、定額法進行成本控制衡量指標的制定。
2.控制執行	根據成本控制的標準作業流程進行查核與控制。
3.修正不符指標水準的因素	檢視查核結果，當下進行事後控制與補救。
4.提出、導入改善計畫，進入下一輪成本控制環節	針對查核結果進行檢討，提出改善計畫，納入標準程序，啟動成本控制循環。

成本控制的方法設計，常見的有利潤中心、作業成本法、會計控制，其特色說明如下：

1. **利潤中心**：指有產品或服務的事業單位，對營虧承擔責任；一個利潤中心可以獨自經營採購、產品開發、製造、銷售、人事、資金使用等，具有很高的決策和成本自主權。利潤中心的責任必須劃分，才能導入成本控制方法並執行。
2. **作業成本法**：分析企業各營運環節的人員投入的作業，以及其消耗企業資源，整體所構成的成本項目。

該方法可有效的定義間接費用對於營收的貢獻。

3. **會計控制**：傳統的成本會計，依照財報指標作為控制指標進行控制的方法。

風險控制

風險控制是指管理者運用各種方法，消除或減少風險事件發生的機率，或者減少風險事件所造成的損失。在風險事故發生之前將其扼殺，對企業的損失將是最小，但有賴於資訊的蒐集與識別，常見的方法如下所列：

1. 四階段症狀分析法
2. 專家調查法
3. 管理評分法
4. 多變量分析
5. 比率分析
6. 利息及票據貼現分析
7. 資本資產定價模型法

而當風險發生時的處理，有三種基本原則可供運用：

1. **迴避**：放棄高風險、高報酬的投資項目，或者是認賠殺出。

2. **損失控制**：設計補救計劃，以降低後續可能造成的傷害或是彌補前面風險造成的損失。

3. **風險轉移**：藉由保險或是其他保證形式，將風險轉移給指定標的進行承受。

◆財務策略分析概論

分析與思考如何建構企業的財務策略時，必須先從企業的策略進行討論。一般講到公司的財務策略，通常都是聯想到如何評估企業的投資方案，還本期、籌資、成本、債務、股票策略等等。但是一間公司最主要還是以最大化股東利益、乃至永續經營、對社會付出企業社會責任為目標。為了要達到這些目標，企業才會設計和執行策略，為了執行策略需分配的財務資源，所以才會有財務策略的概念產生。因此，要設計財務策略，必須先分析我們企業的目標、條件和環境，所以，我們還是要回歸到從企業策略面的探討，這樣我們才會知道如何設計

一套好的、可支持企業策略執行和營運發展的財務策略，因此財務策略分析，就是要針對企業策略的分析，而且，還要有指標能評估與分析財務策略執行後可能產生的效果與優劣。

簡單的講，策略是一段從規劃到執行與控制的過程，企業的目標、策略規劃與制定、企業的作業規範等，涵蓋了策略的整個過程的實際運作。企業最重要的一個營運重點就是要確保策略的執行在可控制和符合預期走向的範圍內，任何會造成損失的風險都必須被注意與防範。

接下來，我們將針對企業策略制定最常用的分析方法進行介紹，包含五力分析、PEST分析、生命週期、SWOT分析、安索夫矩陣、BCG矩陣、內部分析等，再針對財務策略分析最常用的方法做介紹。

五力分析

五力分析是Michael, E. Porter在1980年代提出了企業的五力概念，五力是指以產業個體環境為分析場域，針對潛在進入者、替代品、顧客和供應商在現有競爭者的情勢下，各方可能演變的影響力消長狀態的分析。這五種力會影響產業結構，並且建立該行業的規則。圖1是該模式的架構圖：

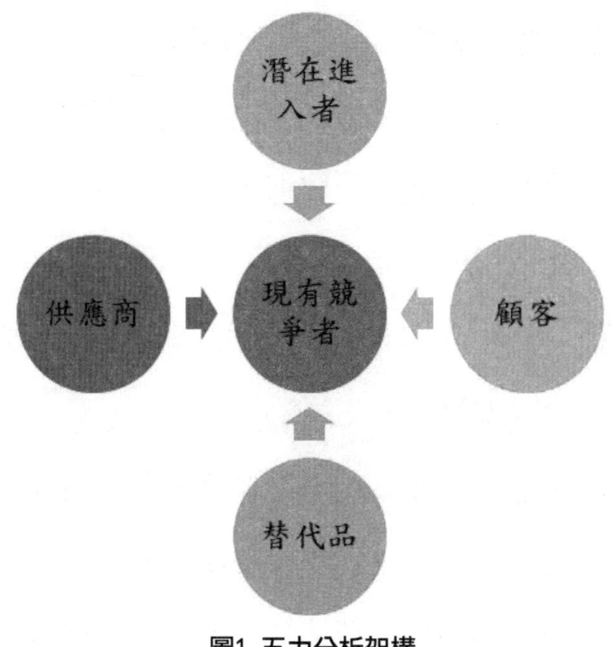

圖1 五力分析架構

1.**供應商**：供應商自身市場的競爭者數量與激烈程度、本身產業內的競爭者數量和競爭激烈程度、供應商商品的獨特性、轉換成本等等，都會影響供應商對企業的影響力。

2.**顧客**：購買者的數量，或者是購買者非終端消費者，其自身產業中競爭者數量與競爭激烈程度、購買

量、是否為企業的主要客戶、購買者的轉換成本等，都會影響供應商對企業的影響力。

3.**潛在進入者**：新進入者能擴充產業的整體生產力，但是也可能和產業內現有企業競爭資源以及顧客，而潛在進入者是否要進入，取決於進入障礙、產業產值規模等等。

4.**替代品**：取決於與原產品的效益程度相比，購買者的轉換成本等等。

5.**現有競爭者**：是自身產業內的競爭者，對外面臨的四力與自身相同，而且自身產業的競爭者狀態又決定對外四力的影響消長，所以是整個五力分析的出發點。

PEST分析

PEST分析指的就是對政治、經濟、社會和科技四個總體環境構面的進行分析，各種構面都可以用質性和量化方法進行分析，透過PEST分析，可協助企業了解外部總體環境、評估對自身之影響，作為策略擬定與調整之參考資料。這四個構面的內涵如下說明：

1.**政治**：指的是一國的法律、執政黨立場、人民的價值觀與態度、政府政策與施政方向、對產業的態度等等。

2.**經濟**：通常講的是人口增長趨勢、國民所得收入、國民生產毛額、所得水準、消費者偏好等等經濟學領域的概念所組成的環境。

3.**社會**：一個區域的人民文化、信仰、價值觀念等所組成的社會氛圍。

4.**技術**：也就是技術科技的發展程度、以及一個國家或區域對科技的投資和支持程度、對科技的運用思維等等的環境條件。

生命週期

所謂的生命週期，是指一個事物從出現到衰退消失的過程，運用於產業界的話，就成為產品或是一個產業從開始出現

的導入期，經過成長期、成熟期，最後到衰退期與消失的一個過程，圖2是一個標準的生命週期模型架構：

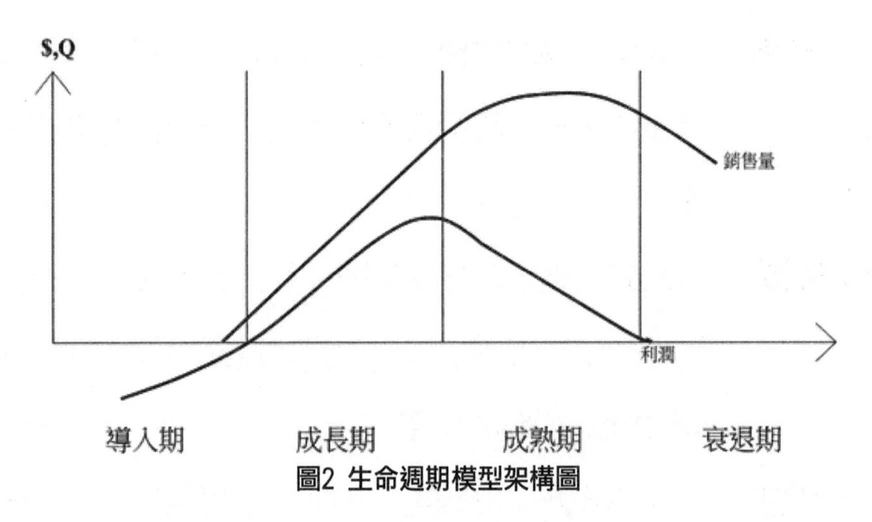

圖2 生命週期模型架構圖

1.**導入期**：指一個產品或是產業剛起步，沒知名度、產品種類少、消費者不熟悉、技術變動大、銷售少、生產成本高、利潤少或是負數、競爭者少、市場還未開始成長。

2.**成長期**：進入導入期的產品或產業，銷售量和利潤開始成長、生產成本下降、競爭者開始進入、技術開始出現趨勢、產業特色與顧客特性開始明確。

3.**成熟期**：市場飽和、產品普及、銷售量和利潤達到最高峰、競爭最激烈、開始削價競爭、技術成熟、進入障礙高。

4.**衰退期**：新產品出現或是消費行為改變，產品或產業已無法滿足消費者需求，此時競爭者開始退出市場、銷售量和利潤衰退、市場衰退、產品種類減少。

安索夫矩陣

安索夫矩陣，以產品及市場作為兩個軸，以「新的」和「現存的」劃分出四個象限如圖3所示，劃分出4種成長策略(市場開發、市場滲透、多角化經營、產品開發)，可用於分析產品或市場的發展策略。

1.**市場滲透**：以現有的產品開發現有的市場，擴大產品的市場占有率。

2.**市場開發**：以現有的產品開發新市場，在不同的市場區隔找到相同需求的使用者。

3.**產品開發**：以新產品開發現有顧客，運用顧客關係進行

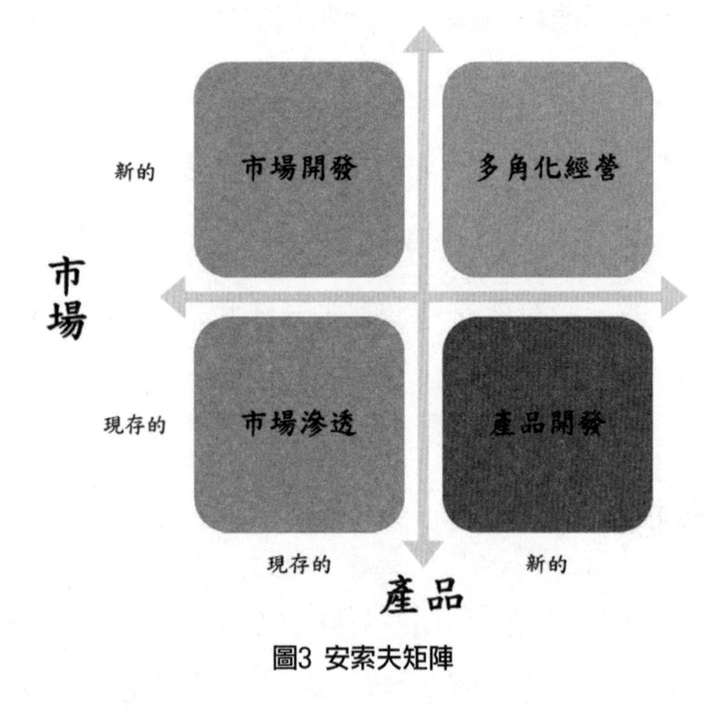

圖3 安索夫矩陣

販售。

4.**多樣化經營**：以新產品開發新市場，具有某些特殊優勢或是能發揮綜效的企業較容易成功。

BCG矩陣

BCG矩陣可協助企業分析目前的業務表現，以及發現值得投資與必須收割的業務項目，從而協助企業分配資源以及建立策略之用。BCG矩陣以市場占有率和市場成長率為兩軸，劃出四個象限，可分為明星、金牛、問題兒童和老狗，各象限的說明如下：

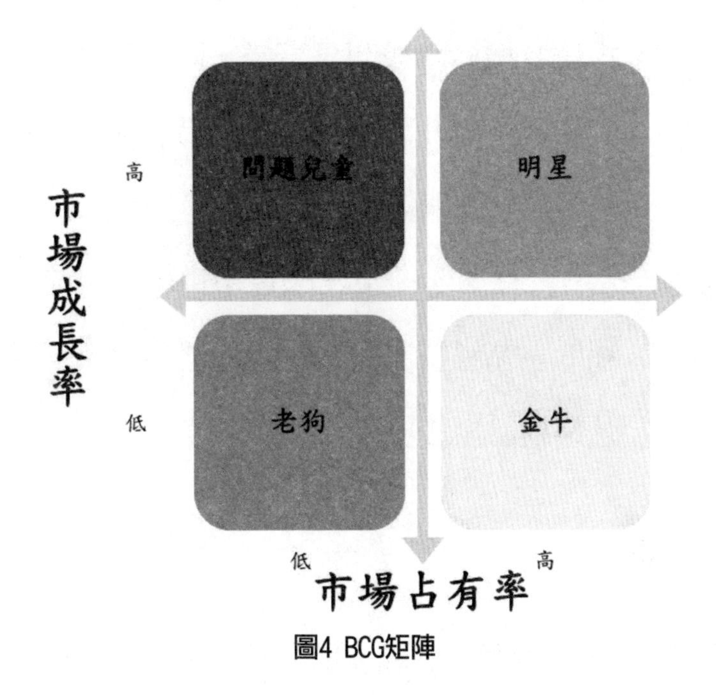

圖4 BCG矩陣

1.**明星**：市場占有率和市場成長率都高，但需大量現金維持營運，獲利高，但現金流量不穩，收支大抵平衡，此時對工廠、設備和新產品開發的投資將是能否突破的關鍵。

2.**金牛**：市場占有率高、市場成長率低，現金流量大且穩

定，是企業主要流入金流，不須大規模的投資。

3.**問題兒童**：市場占有率低，市場成長率高。為維持成長所需須投入大量資金，卻無力創造金流，如大量投資有機會轉成明星事業。問題兒童往往是企業的新業務，此時對工廠、設備和人員的投資將是能否突破的關鍵。

4.**老狗**：市場占有率低、市場成長率也低。金流不大，獲利低，為維持其營運，反而必須持續挹注金流，且業務已無法再有改善或突破。

SWOT分析

SWOT分析是優勢(Strength)、劣勢(Weakness)、機會(Opportunity)及威脅(Threat)四個構面所構成，其組合結果將決定企業依據運用內部優勢與外部機會的結合獲得成長以及應對威脅，甚至是補足企業劣勢等方向制定策略，表7是SWOT分析每一個構面應思考的問題。

表7 SWOT分析

構面	優勢	劣勢
組織內部	判別內部優勢，清點可做為策略設計職用的資源，讓企業獲得成長，拉近或超越競爭者。	檢視內部策略，迴避不是何的策略選項，或是改進劣勢。
	機會	威脅
外部環境	企業偵測可能的機會，評估內部優劣勢後進行策略的設計與決策。	企業面對外部威脅，思考應制定何種策略以迴避或是降低損失。

企業內部優劣勢檢核分析

這是一種簡易直觀的，可以直接檢視企業營運會牽涉到的部門的優劣勢評估，做為策略制定的參考依據。表8為企業內部優劣勢檢核的項目：

表8 企業內部優劣勢檢核分析

分析構面	評比項目	評估結果(優/普通/劣)
整體組織	1.企業基本價值(願景、理念、價值觀) 2.領導能力與風格 3.組織學習 4.組織變革與創新 5.人際協調能力	

生產與技術	1.硬體設施(廠房、設備等) 2.製程與產能 3.生產規模 4.庫存成本	
人力資源	1.員工甄選、 2.教育訓練 3.員工考核與獎懲 4.員工士氣和參與 5.人力結構	
研究發展	1.研發能量 2.研發成果與專利 3.對技術的敏感度	
財務	1.績效指標 2.資金取得難易度 3.財務穩定性	
行銷	1.顧客關係 2.市場佔有率 3.產品利潤 4.產品品質 5.商譽 6.4P的創新與執行能力	

企業策略決策的流程

不同的企業有不同的策略決策制定和執行過程，本節就通常的企業策略流程列出一個步驟流程，其說明如下所示：

1.**設定目標**：確定企業的目標，此為策略執行後要達成的狀態。

2.**進行分析，形成策略方案**：分析企業內外部狀況，確定可用之資源與限制條件，設計可行之策略方案。

3.**選擇策略方案**：評估策略的可行性，選擇適合的方案。

4.**執行策略**：根據選擇的策略方案，由相關單位和人員執行。

5.**績效評估**：就計劃目標與實際執行成果進行比較與檢討，根據檢討提出修正，作為未來改進策略制定品質的依據。

財務策略分析

上述的策略分析完成之後，企業擬定策略方針後，接下來就是針對這些方針擬定一套財務策略，而在擬定前便要先分析財務策略的可行性。目前有許多財務策略的分析技術與項目，其中最關鍵的就是針對財務策略的可行性進行分析，以作為後續評估之用。一個財務策略的可行性分析會有六個項目：基本假設與資料，參數設定、現金流量分析、投資效益分析、融資可行性分析、風險分析與管理、敏感性分析。

1. 基本假設與資料，參數設定

1-1.基期設定：選定某一特定年度為基準，未來不同時點的金流換算以此基點為準。

1-2.執行期間：財務策略執行的期間。

1-3.各種影響財務策略的利率：包含物價上漲率、股東預期報酬率、融資利率、折現率等等。

1-4.資本結構：投入策略的資本額中，資本、負債與權益的比例。

1-5.折舊及攤銷：各類財產使用年限與攤銷。

1-6.稅賦：可能的稅賦設定。

1-7.收入項目：設定各種收入來源。

1-8.成本項目：設定成本項目。

2. 現金流量分析

現金流量分析是針對計劃期間內，每一固定期間因營運、投資和籌資活動所產生的金流的分析，其結果可在資產負債表、損益表、現金流量表找到。

3. 投資效益分析

3-1.淨現值 (Net Present Value, NPV)：預計未來每年投入之成本及預計未來每年淨收入換算成現值後之總和。

$$NPV = \sum_{t=0}^{n} \frac{CF_t}{(1+k)^t}$$

CFt：第t年的淨現金流量(t為年期)。

k：折現率。

n：評估年期。

NPV＞0，可獲利。

NPV≦0，不可獲利。

3-2.內部報酬率 (Internal Rate of Return, IRR)：使該專案的預期現金流量的現值剛好等於預期現金流出現值的折現率。

$$IRR = \sum_{j=0}^{N} Aj(1+i^{*})^{-j}$$

Aj：第j期期末的現金流量。

i：內部報酬率。

j ：0,1,2,⋯,N。

N：方案的最高服務年限。

IRR＞計劃所要求之必要報酬率或資金成本，表示淨現值大於 0，計劃可行。IRR＜計劃所要求之必要報酬率或資金成本，表示淨現值小於0，計劃不可行。

3-3.折現後回收年限(Discounted Payback, DPBY)：累積淨現金流入現值等於0所需的年數，回收年限愈短愈佳。

$$P = S * 1 / (1+i)^{n}$$

P：現值(元)。

S：將來某年之收入。

i：利率。

n：期間。

3-4.自償率(Self-Liquida ting Ratio, SLR) 評估工程專案期間，各年現金淨流入現值總額，除以所有工程建設經費各年現金流出現值總額。

$$S = (I / O) * 100\%$$

S：自償率。

I：營運評估期間之淨現金流入現值總和。

O：興建期間之各項經費現金流出現值總和自償率＞1，計劃具完全自償能力，可完全由淨營運收入回收。

自償率＜1 但＞0，計劃不具完全自償能力。

自償率＜0，計劃不具自償能力。

4. 融資可行性分析

融資可行性分析係指分析投資專案之資金來源方案的可行性。常用的分析方法如下：

4-1.分年償債比率(Debt Service Coverage Ratio,DSCR)

$$DSCR = NOI / (TD+S)$$

DSCR：分年償債利率(倍)：DSCR 至少需大於1.25，才能確保各年產生之現金流量可償還到期本息。償債比率越高，表示還款能力越佳。

NOI：當年之稅前息前折舊及攤提前盈餘(元)。

TD：整年度負債之攤還本金(元)。

S：利息。

4-2. 分年利息保障倍數(Time Interest Earned, TIE)

$$TIE = EBIT / TI$$

TIE：分年利息保障倍數(倍)：利息保障倍數越高，表示負債越有保障，TIE 至少要大於 2 以上較佳；TIE < 1，有違約風險。

EBIT：稅前息前淨利(元)。

TI：本期利息支出(元)。

5. 風險分析與管理

也就是分析出風險所在，採取迴避、損失控制與風險轉移等方式，降低風險的危害程度，常用的分析方法如下所列：

5-1.四階段症狀分析法。

5-2.專家調查法。

5-3.管理評分法。

5-4.多變量分析。

5-5.比率分析。

5-6.利息及票據貼現分析。

5-7.資本資產定價模型法。

6. 敏感性分析

敏感性分析適用於發現項目有最大的潛在影響的風險因

素。執行步驟如下：

6-1.確定敏感性分析指標。

6-2.求出該方案的目標值。

6-3.選取有較大可能性會產生變化、且對目標值的影響顯示較大的風險因素。

6-4.衡量風險因素變動時，對分析指標的影響程度。

6-5.找出風險因素並採取相對因應方案，以增加抗風險的能力。

以我國上市櫃公司的年報實務來看財務策略分析的方法，則包含以下幾個重要項目：募資情形、營運概況、財務概況、財務狀況及財務績效之檢討分析與風險事項、特別記載事項等。這些項目可從各上市櫃公司的公開資料或是投資人專區取得，是學習財務策略相當好的實務教材，同時也可以讓同學一窺各產業領域的優秀企業如何制定營運策略，背後的財務策略與執行是靠那些財務資訊被支持，以及對市場趨勢的判斷。

麥茵茲美形診所、三顧股份有限公司

◆醫美產業概述

醫學美容，簡稱醫美，原本是針對人體外觀重建手術的一種醫學技術領域。最早是運用手術、醫療器械、藥物等對人體外觀受損之患者進行修復、重建原有的外觀，其包含之產業領域橫跨醫療與生技、醫材領域。因為近年經濟發展快速，再加上追求美麗的概念擴散以及價值觀改變，對於運用手術和藥物進行外觀美感提升已經是許多人能接受的概念。因此醫美產業也蓬勃發展。主流顧客區隔，以25～34歲女性是主流市場，但近年來也有男性開始使用醫美產品或服務。

醫美是一種醫療行為，因此具有醫療的風險性存在，具有風險性之醫美手術包含削骨、拉皮、鼻整形、義乳植入、大量抽脂、腹部整形，因此衛福部規定執行的醫療機構及醫師須符合資格，涉及全身麻醉者需由麻醉科專科醫師親自執行。全台灣在2019年核准得施行上述醫美手術之醫療機構共168家(含醫院60家、診所108家)。

台灣醫美產值在2011年產值已達到800億，許多集團、投資者、醫師相繼進入醫美市場，全台灣約有40,000多位醫師，其中四分之一投入醫美產業，但屬於整形外科和皮膚科醫師者大約1700多位，所以有大量屬於其他醫學領域的醫生也進來搶食醫美市場大餅。在2013年時台灣醫美診所將近2000家，但接下來幾年台灣醫美市場成為競爭激烈和低價搶客的的紅海市場，到2018年時大約倒閉了三分之一。台灣醫美產業三種常見的經營模式：

1. **品牌化**：專門從事醫美產業的診所或機構，擁有較完整的產品線。
2. **多角化**：由其他相關或非相關企業集團轉投資，除了經營醫美業務，也可能導入公司其他產品等進行銷售。

3.**利基化**：將醫美業務進行細分，只專門化服務其中一、兩種醫美業務。

其他主要醫美市場狀況簡述如下：

(1) 美國

有6300名整形外科醫師，在2014年，美國醫美的顧客數達到1562.2萬例，年均複合增長率為5.5%。2016年微創整形占美國美容整形總量的89.3%；女性消費者占比達 92%，其中19～50歲女性有60%是使用過醫美服務的消費者，而40～45歲年齡是主要消費群體。美國的醫美市場滲透率達到 14.1%。

美國醫美產業以FDA為監管單位。美國整形外科醫師協會（ASPS）維持註冊合格之整形外科醫師之服務水準。

(2) 韓國

2007年開始，韓國政府主導建立韓國醫美以及醫療觀光產業。2014年赴韓觀光人數突破1100萬，醫療觀光遊客超過15萬，醫療觀光產值高達2391億韓元。2016年韓國醫美滲透率在全球排名第三，滲透率為9%，韓國醫美醫生人數為 2330人，2016年韓國醫美產業產值超過600億美元。韓國政府計劃到2020年為止要吸引100萬醫療觀光遊客、產值要再擴張30億美元以上。

韓國醫美產業有上萬家註冊的醫療美容機構。韓國的美容整形醫師需要合計11年的專業訓練，5次考核，並由仲裁委員會和行業自律準則協同監管。

(3) 日本

日本二戰後開始流行整形美容，日本整形協會在 1958 年成立，到2017年，日本醫美市場滲透率達到 11.1%。男性醫美消費群體占比已達到25～30%。

日本醫美手術的發達也使得更多的外國人到日本整形，日本在 2010 年通過外國人「醫療簽證」相關規定，可延長在日本的停留時間，增加外國人在日觀光醫療的吸引力。

日本的整形美容技術傾向於精細化，以個人特色的基礎上進行微調，以微整形項目為主，微整形的占比達到 80% 以上。

(4) 中國

中國的醫美產業處於產業生命週期的成長期階段，因為需求量增加，醫師人數不足，吸引許多台灣醫師過去執業。

中國醫療美容市場 2014 年規模達到 777 億人民幣，2017 年全年達到 1760 億人民幣，預計2020年會超過3000億人民幣，年均複合增長率為40%。醫美顧客的分布在北、上、廣、深和一線城市，且吸引郊區的顧客往這些地區移動。

◆醫學美容保養品

受到隨著對抗老化、安全、明顯療效的需求與日俱增，使得醫美保養產品逐漸流行，醫美保養品由於具有藥物成分和療效、且在調配上是依據醫學理論執行，且有詳細的專業使用建議，而逐漸被消費者接受，為保養品新崛起的項目。醫美保養品和一般保養品所追求的產品利益差別不多，主要是產品的濃度，一般保養品使用上著重安全性、穩定性，醫美保養品著重功效。

根據市場研究報告指出，近年全球保養品市場下滑，以2017年到2018年兩個年度就從1,459億美元下降到1,327億美元。但是中國在2018年佔的市場規模為276億美元，美國184 億美元，日本163億美元，該三國佔了全球保養品市場一半的產值。另有報告預估，到2025 年，全球保養品產值將達到1,830億美元，複合年增長率為4.4%。

中國大陸在從2018年成為全球保養品產值最大的市場，北京、上海等一線城市，佔總體消費量約58%，30歲以下的年輕人是主要顧客群。中國大陸保養品市場仍由外國品牌市場主導，但近年則轉向支持中國自有品牌，外國品牌的市占率從2014年～2017年從31%下降到22%，隨著中國自有品牌的競爭力不斷提高，外國品牌的市占率將繼續減少。因為年輕顧客選擇以電商作為購買途徑之一，佔總銷售量比率逐步增加，預估從2014年～2018年會從21%上升到42%。

台灣則是因為氣候變遷和空氣因素導致敏感皮膚的人愈來愈多，加上微整形成為趨勢，術後敏感皮膚的修護需求大增，對於無刺激保養品的需求增加，許多整形外科醫生和皮膚科醫生，運用專業背景，為其研製的醫美保養品品牌背書。且台灣消費者對醫美是持理性消費的態度，因此注重保養品的安全性，所以有醫師背書的醫美保養品品牌受消費者青睞。台灣消費客群的主要購買通路是百貨公司、藥妝店、直銷、網路購物；台灣護膚品市場，仍以外國品牌為主要領導者。但是品牌林立以及削價的狀態，導致市場競爭激烈。

◆再生醫學

近年來為彌補化學藥物造成的副作用，再生醫學逐漸被提倡。再生醫學指利用細胞、生物組織製品、可提供細胞相容生長環境之醫材，可作為修復人體組織之用。而細胞治療更是目前整個醫學界新的發展目標，尤其目前的醫學方法和技術在治療和人體組織相關的永久性缺損、先天性基因缺陷、癌症等的成效有限。因此全世界的醫學界正對「細胞藥物」的開發運用投入許多支持。2015年全球再生醫學市場產值為245.7億美元，預計到2025年將達到1854.5億美元，複合成長率預估將達到22.4%。

我國衛生福利部於2014～2016 年間公告「人類細胞治療產品臨床試驗申請作業與審查基準」、「人類細胞治療產品查驗登記審查基準」、「人類細胞治療產品捐贈者合適性判定基準」等辦法，將細胞藥物納入食品藥物管理署的管轄範圍。衛福部及食藥署也一起成立「衛生福利部再生醫學及細胞治療發展諮議會」及「再生醫學諮議小組」，負責審查細胞治療附屬計劃與再生醫學相關之臨床試驗申請。

台灣的再生醫療產品目前大多處於研發階段，但是隨著全球研發廠商增加、市場規模將持續擴展，而台灣也在再生醫學領域制定相關管理法規，有助於台灣再生醫學的發展，台灣在再生醫學的發展上是具有潛力的。

以下圖5～圖8是我國目前再生醫療在「我國再生醫療管理架構」、「再生醫療製劑全生命週期管理模式」、「藥品臨床試驗審查流程及時間管控」、「細胞/基因治療IND審查流程」：

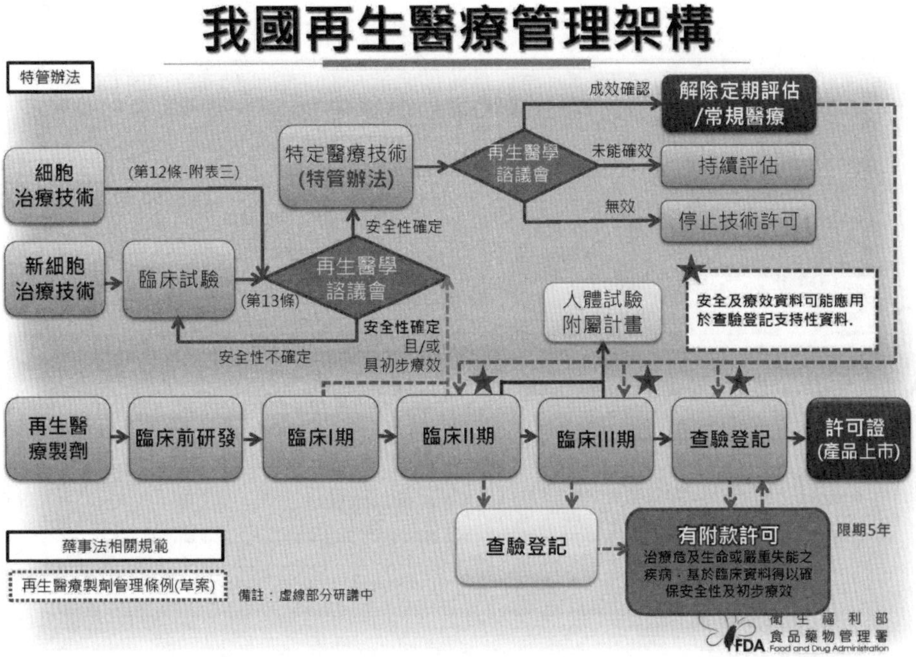

我國再生醫療管理架構

特管辦法
細胞治療技術
(第12條-附表三)
特定醫療技術(特管辦法)
再生醫學諮議會
成效確認
解除定期評估/常規醫療
未能確效
持續評估
無效
停止技術許可
安全性確定
新細胞治療技術
臨床試驗
再生醫學諮議會
(第13條)
安全性確定且/或具初步療效
安全性不確定
人體試驗附屬計畫
安全及療效資料可能應用於查驗登記支持性資料.
再生醫療製劑
臨床前研發
臨床I期
臨床II期
臨床III期
查驗登記
許可證(產品上市)
查驗登記
有附款許可
治療危及生命或嚴重失能之疾病，基於臨床資料得以確保安全性及初步療效
限期5年
藥事法相關規範
再生醫療製劑管理條例(草案)
備註：虛線部分研議中
衛生福利部食品藥物管理署
FDA Food and Drug Administration

圖5 我國再生醫療管理架構

資料來源： 洪文怡(2019)。我國再生醫療製劑管理現況。衛生福利部食品藥物管理署藥品組。http://www.fda.gov.tw。

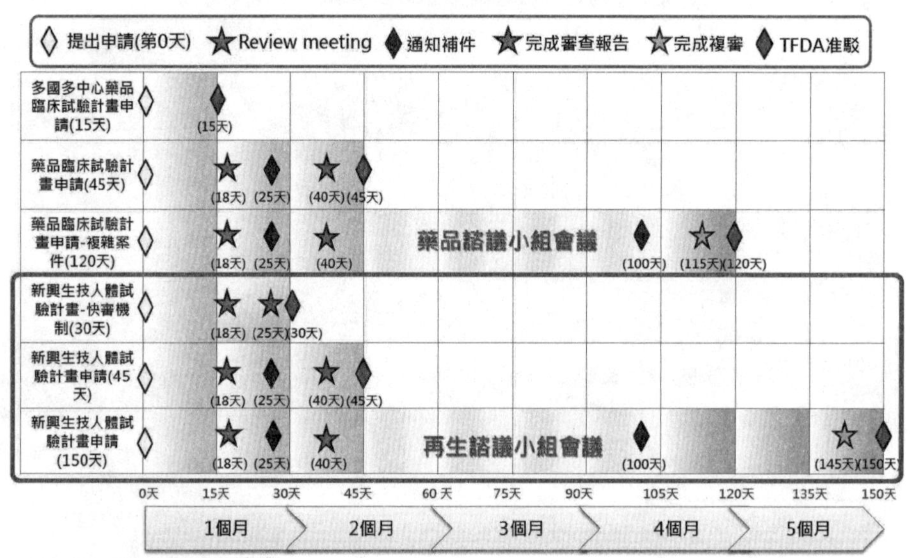

圖6 再生醫療製劑全生命週期管理模式

資料來源：洪文怡(2019)。我國再生醫療製劑管理現況。衛生福利部食品藥物管理署藥品組。http://www.fda.gov.tw

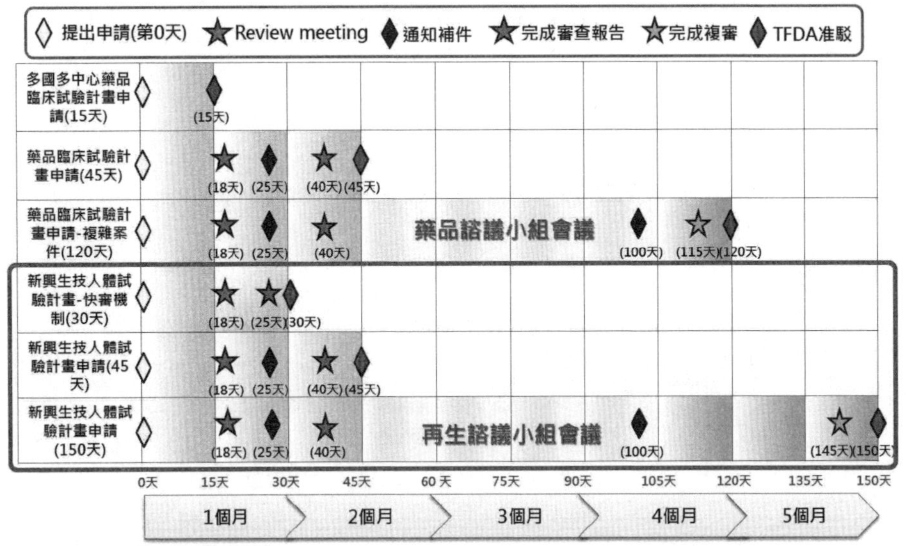

圖7 藥品臨床試驗審查流程及時間管控

資料來源: 洪文怡(2019)。我國再生醫療製劑管理現況。衛生福利部食品藥物管理署藥品組。http://www.fda.gov.tw

細胞/基因治療IND審查流程

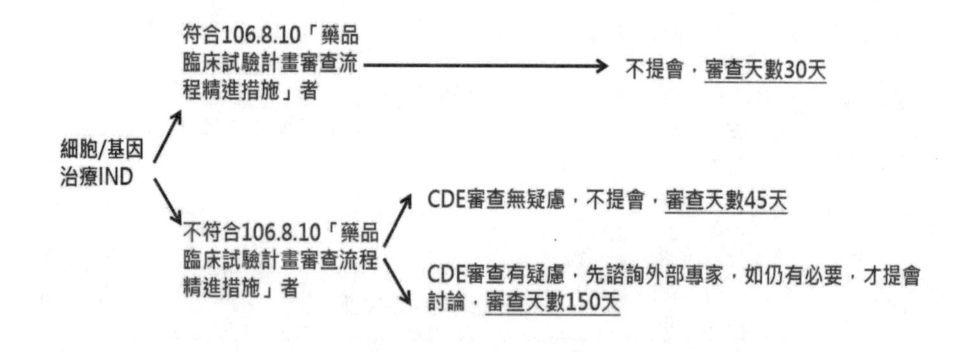

此為簡要原則，仍須視個案而定

圖8 細胞/基因治療IND審查流程

資料來源：洪文怡(2019)。我國再生醫療製劑管理現況。衛生福利部食品藥物管理署藥品組。http://www.fda.gov.tw

但是再生醫學在相關新藥以及細胞或是基因治療製劑，從規劃研發到上市期間，不僅投入開發藥物時程、更需要經過臨床實驗以及核發許可的行政審查流程等等，而且中間的研發經費和行政規費也常是廠商的沉重負擔，不僅要考量競爭時程，也要考量成本回收時程，這往往影響廠商的利潤多寡。

◆微整形

近年微整型是醫美產業的一個新趨勢，屬於微創手術的一種，並連帶牽動醫材產業的發展。微創手術是一種無需對患者造成巨大傷口的手術技術，目前的微創手術種類包含：內視鏡手術、穿刺手術、腹腔鏡手術、顯微手術、消融手術、機器人手術等。醫材產業屬於生技產業的一部份，隨著全球醫療器材市場持續成長，如無發生重大風險事件，預估2020年全球醫療器材市場規模將達到4,625億美元。2018～2020年之複合年成長率 (Compound Annual Gro wth Rate,CAGR)預估將達到為6.5%，全球醫材市場規模如下表9所示：

表9 全球醫療器材市場規模分布

單位:億美元

地區	市場規模		比重%	
	2018年	2020年(e)	2018年	2020年(e)
美洲	1,848	2,139	47.48	46.25
西歐	973	1,189	25	25.71
中/東歐	154	159	3.96	3.44
亞太	818	1,011	21.02	21.86
中東/非洲	98	127	2.52	2.75
全球	3,892	4,625	-	-

資料來源:吳忠勳等(2019)。2019生技產業白皮書。台北市:工業局。

根據2018年的統計，全球醫材種類可分為六大類，占比如下：

1. 診斷影像產品　23.80%
2. 醫用耗材產品　16.20%
3. 輔助器具　12.70%
4. 骨科與植入物　11.70%
5. 牙科產品　7.50%
6. 其他類產品　28.10%

根據表10的資料統計，台灣2015年～2018年的醫療器材產業市場營業額是成長狀態。再看圖9的我國醫療器材及設備製造業產品優勢群組分析圖進行推論，台灣在醫材產業的產品生命週期中，屬於成熟且具有競爭力之產品為眼科產品、其他的耗材和輔助器材。但相比之下，可為醫美產業降低施術風險之微創手術、骨科產品、牙科產品等以及高階新興醫療器材等，處於成長期以及萌芽期的階段，尤其醫美產業以及全球醫材產業也開始趨向微創手術發展，因此還有很大的發揮空間。隨著台灣醫美市場競爭激烈、全球醫美市場逐漸成長、以及醫美旅遊概念的興起，推估將有助於台灣醫材產業的轉型以及擴大產值規模。

表10 台灣醫療器材2015-2018年市場發展狀況

單位:億美元

	2015年	2016年	2017年	2018年
營業額(億元)	1,330	1,415	1,463	1,592
廠商家數(家)	1,041	1,073	1,090	1,128
從業人員(人)	38,400	39,300	40,300	43,850
出口值(億元)	812	861	873	955
進口值(億元)	722	736	746	790

資料來源：吳忠勳等(2019)。2019生技產業白皮書。台北市:工業局。

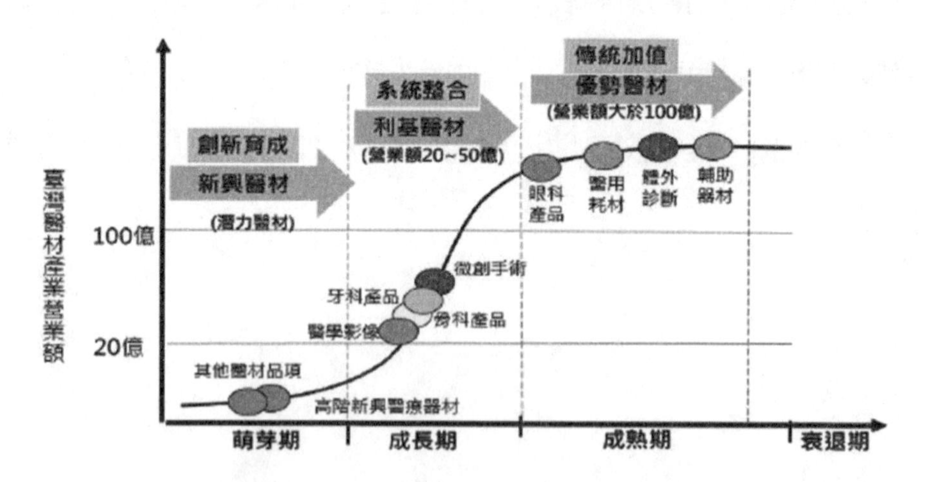

圖9 我國醫療器材及設備製造業產品優勢群組分析圖

圖片引用自：台灣經濟研究院產經資料庫(2019)。我國醫療器材及設備製造業產品優勢群組分析圖，資料來源： https://tie-tier-org-tw.autorpa.lib.nkust.edu.tw/db/reference/data_source_content.aspx?sid=0J251624279890938868

從圖10和圖11顯示的資料，預估到2021年，微創手術全球產值規模將達到181億美元左右，而2019年全球的微創手術相關醫材產值達到505億美元。其中，近四成的微創手術與肥胖問題和高齡人口有關，15%為國際觀光醫療，且市場產值規模對2021年的預測是上升的，如果醫美產業持續開發微創手術相關的市場區隔，其至多可以吃下四成～五成五的微創手術相關市場產值；而全球醫材市場的複合成長率是呈上升趨勢，如果搭配醫美微創手術向上的發展趨勢，醫材市場產值規模可望再往上推升，是屬於前景佳的市場藍海。

	2013	2014	2015	2016	2017	2018	2019
手術器械設備	14,098	15,780	17,618	19,638	21,936	24,489	27,569
內視鏡設備	6,143	6,671	7,242	7,862	8,534	9,263	9,901
監測與顯像設備	7,430	8,227	9,033	9,919	10,891	11,958	13,130

圖10　2013~2019年全球為創醫材市場產值規模

圖片來源：林淑綿(2014)。微創正夯-從全球微創手術醫材市場看我國發展概況。工研院IEK。https://www2.itis.org.tw/netreport/NetReport_Detail.aspx?rpno=119287621。

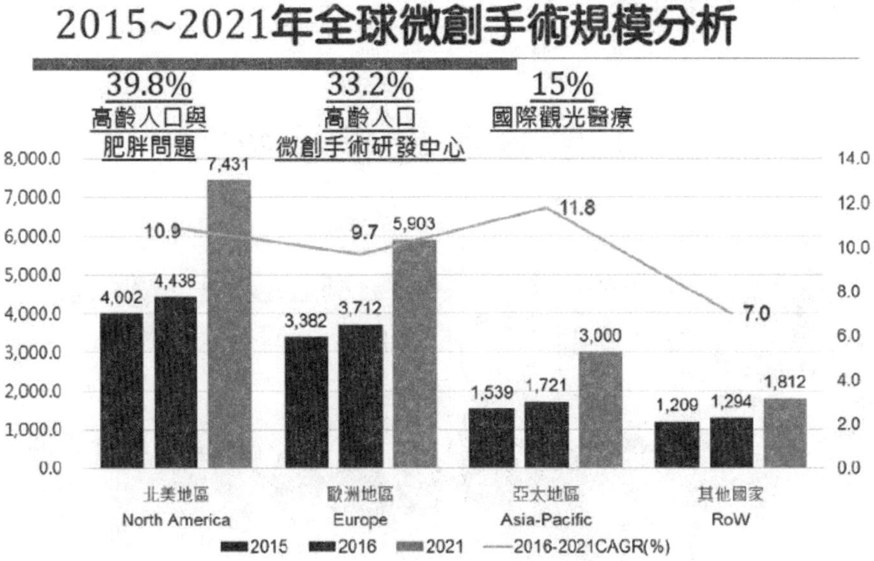

2015~2021年全球微創手術規模分析

39.8%
高齡人口與
肥胖問題

33.2%
高齡人口
微創手術研發中心

15%
國際觀光醫療

8,000.0
7,000.0
6,000.0
5,000.0
4,000.0
3,000.0
2,000.0
1,000.0
0.0

14.0
12.0
10.0
8.0
6.0
4.0
2.0
0.0

4,002
4,438
7,431
10.9
3,382
3,712
5,903
9.7
1,539
1,721
3,000
11.8
1,209
1,294
1,812
7.0

北美地區
North America
歐洲地區
Europe
亞太地區
Asia-Pacific
其他國家
RoW

2015 2016 2021 2016-2021CAGR(%)

圖11　2015~2021年全球微創手術規模分溪

資料來源：魏琪珍(2018)。微創手術即智慧輔具相關產業未來發展。塑膠工業技術發展中心生醫驗證組。

個案公司簡介

麥茵茲美形診所

留德皮膚科博士黃美月醫師，於1988年正式以麥茵茲Mainz為名，成立醫學美容集團。麥茵茲所提供的服務，不只MAINZ的字面上意思，麥茵茲是國內首創醫學門診與美容沙龍護膚中心結合的機構，並將保養設定在預防醫學的一環，以皮膚科醫學博士的專業領域，來提供最專業的理念與最完善的治療。蟬聯五屆FG百大醫美診所。關於整形微整形等問題及皮膚相關再生抗老議題，在麥茵茲你都能找到答案。1988年開診至今，以醫學、科學、美學全面的角度，完成無數愛美人士的自信與美麗。

表11 麥茵茲Dr. Mainz美形診所沿革

1990年	1990年－成立德易貿易股份有限公司，進口國外先進醫療美容器材，並代理國外品牌的化妝保養品。
1991年	1991年－擴大營業項目，於台北長安東路成立麥茵茲診所和麥茵茲形象沙龍，正式進入以麥茵茲為名，結合醫學與美容相互支援、共同服務的時代。
1992年	1992年－成立引進全國第一台紅寶石雷射機，開始國內以雷射治療皮膚色素沉著的先驅。
1993年	1993年－於高雄市成立麥茵茲形象沙龍高雄店，提供南部顧客專業的服務。
1995年	1995年－引進全國第一台二氧化碳雷射機，提升國內醫界治療面皰、凹洞及皺紋醫療技術。
1996年	1996年－與德國生化科技研究中心技術合作，於汐止大湖科學園區成立麥茵茲化妝保養品製造廠。
1997年	1997年－遠赴大陸上海參展，為麥茵茲進軍大陸市場進行市調與評估。
1999年	1999年－推出VA系列保養品，為麥茵茲品牌進軍普銷市場打下良好基礎。
2000年	2000年－引進FPLS脈衝光回春儀、VACC無痕儀、UT質子纖體儀等最新醫學美容之科技儀器，對雷射所不能解決的問題及缺點做了完整的改善；Dr. Mainz H.E.L.P.醫美級保養品正式上市。
2001年	2001年－推出AKNE系列保養品，針對長面皰及青春痘的顧客做最完善最普及的市場服務；並完成四大行銷體系之架構組織；進駐京華城，成為首位結合購物中心及醫療院所服務的先驅。
2002年	2002年－預計國內達到醫學結合之完整的加盟連鎖據點，並進軍開發大陸及海外市場。
2003年	2003年－引進半導體雷射脈衝儀器；麥茵茲診所台中店正式成立，並再出版年度暢銷書–K痘高手100招。
2004年	2004年－進駐台北市金融商務中心的環亞購物廣場10樓，醫學美容已成為都市消費的主流；引進磁波光電療法與推出抗老化療程；取之於社會，用之於社會，首創先例成立社會公益團體–台北市關懷青少年抗痘協會。

2005年	2005年－麥茵茲新竹竹北店成立，成功進軍竹科市場；與擎日生物科技股份有限公司策略聯盟，建構出無塵無菌藥廠級的ISO9001保養品製造工廠。
2006年	2006年－引進雙高週波儀，簡單有效處理肥胖問題。再度引進優白緊膚射頻機，廣受大眾歡迎。
2007年	2007年－黃美月院長榮聘『行政院政務顧問』，也是首位獲聘至上海仁愛醫院駐診之台灣醫師；並前往上海參加美容大展。日本高須美容診所特地來台採訪麥茵茲診所，並與各大旅行社合作，積極推動醫學美容旅遊計畫。於台北環亞店擴大營業範圍，特別增設美容整型部，提供顧客更完善的服務。
2008年	2008年－成立『瑪旺幹細胞醫學生物科技股份有限公司』，進行再生醫學的研究。
2009年	2009年－以醫食同源的概念，及黃美月醫師30年的門診經驗，跨界結合美食界天王『阿發師』出版『美容美食365—當醫美女王碰上台灣廚神』一書。麥茵茲與中國最大美容機構『佳美美容醫院』技術合作，醫事總監黃美月醫師並邀至內地演講。
2010年	2010年－瑪旺幹細胞生物科技成功研發專利幹細胞成份–Pistema，除提供多家國內外品牌應用次成份外，更委由擎日製造研發出幹細胞保養品—Pistema新生無齡系列。
2011年	2011年－成立「麥茵茲台北天母店」，成立首家海外醫美中心直營據點—麥茵茲醫學美容診所澳門店。
2013年	2013年－成立首家海外美容會館－「珠海麥茵茲生活美容會館」。
2014年	2014年－成立「頂級陸客接待會館」。
2015年	2015年－成立第二家海外頂級美容抗老會館－「深圳麥茵茲健康美容抗老中心」。
	瑪旺幹細胞醫學生物科技首度聯合日本自體培養表皮細胞（JACE）醫療團隊Japan Tissue Engineering公司，協助105年六月發生八仙塵爆大面積燒傷的病患進行體外培養之自體表皮細胞（JACE）移植手術，其主動伸出援手獲得立委陳唐山、黃偉哲105/10/12在立法院召開記者會公開感謝，也獲得婦聯會主委、振興醫院董事長辜嚴倬雲女士於105/10/12在振興醫院親自頒贈感謝狀，並期望新興之再生醫學產品，未來能提供病患更優質的醫療技術及品質。

資料來源：麥茵茲美型診所（2020）。麥茵茲大事紀。檢索日期2020年1月15日，取自於：https://www.mainz.com.tw/index.php/article/。

品牌精神－HELP：

麥茵茲美形診所Dr. Mainz的品牌精神就是知道客戶的皮膚呼救的訊號是什麼、需要什麼樣的幫助、即時提供適當的護理照顧、解決肌膚問題。

經營理念：

1. Dr. Mainz 是台灣第一家提供全系列醫學級美容保養品。
2. 完美肌膚的基本要件：膚質健康、滑如絲緞、白皙水嫩、均勻無瑕。
3. 醫學美容的真諦：整合由內至外之三階段治療，加強護理及保養，不僅解決肌膚問題，更要讓肌膚更臻年輕美麗。
4. 保養品趨勢：美容醫學療效等級的保養品，唯有醫學與美容之緊密結合才能讓肌膚美得健康，美得安全。
5. 醫學、美學、整合、新的、領域，是麥茵茲的品牌精神：領先業界，跨出單一皮膚診所的規模，整合美容醫學、加強護理療程、居家美容保養。

6. 皮膚、塑身、育髮、問題皮膚、微整容、抗老化：麥茵茲都能結合最新的科技及儀器，提供給愛美人士最優質的服務。

7. 麥茵茲專注的成績，廣受各界的肯定和鼓勵，在醫學美容領域裡，豎立起屹立不搖的專業形象；在未來的日子，麥茵茲將更加堅持品牌理念，積極扮演起「美麗天使」的捍衛者，為消費者守護更亮麗的完美肌膚。

籌資方式與來源：

1. 企業主個人信貸。
2. 企業貸款。
3. 政府貸款。
4. 政府獎勵方案。
5. 政府補助方案：小型企業創新研發企劃、服務業創新研發計劃、協助傳統產業技術開發計劃。

6. 中長期融資：擔保品設定(土地、建築物、機器設備)，作專案貸款。

7. 保證業務：商業本票保證、公司債保證。

產品種類：

1.**再生醫學**：幹細胞特管辦法、PRP注射、健髮、孕髮、不動刀關節治療、自體精華、基因檢測、賀爾蒙檢測。

2.**專業醫美**：醫美診所、美塑微整、雷射光療、美形雕塑、埋線拉提。

3.**美容整形**：眼整形、鼻整形、耳整形、臉整形、除皺拉皮、身材雕塑、乳房整形、毛髮整形。

◆公司簡介

瑪旺幹細胞醫學生物科技股份公司(以下簡稱瑪旺公司)是麥茵茲美形診所成立於2008年的一家新興生物技術公司，主要鎖定人口老化所帶來的再生醫學之龐大需求，以組織及細胞技術為主軸進行研究發展，成功開發多項組織及細胞等級之生醫材料，以提供再生修復之臨床使用。

◆公司使命

發展客製化之組織/細胞產品，解決未滿足醫療需求 (Unmet medical needs) 問題，提升人類生活品質。

◆公司願景

成為亞洲再生醫學領域之領導公司，提供客製化組織與細胞之醫療產品。

產品種類

1.高濃度血小板血漿收集容器

2.客製化細胞製劑

3.細胞檢測服務

4.醫療顧問服務

5.間質幹細胞保存

6.羊膜細胞組織庫

特殊事蹟

2015年6月八仙樂園發生粉塵爆炸事件，大面積燒燙傷的病患增加。以自體皮膚移植手術是最佳的治療方式，因此台灣的瑪旺幹細胞公司聯繫日本自體培養表皮細胞（JACE）醫療團隊

Japan Tissue Engineering公司，並向衛生福利部提案，開放自體培養表皮細胞產品，獲得專案許可。

正本

衛生福利部食品藥物管理署　函

機關地址：11561 臺北市南港區昆陽街161-2號
傳　真：
聯絡人及電話：馬毓瑜　02-2787-7161
電子郵件信箱：dabulu123@fda.gov.tw

221
新北市汐止區康寧街169巷29-1號7樓

受文者：瑪旺幹細胞醫學生物科技股份有限公司

發文日期：中華民國105年4月29日
發文字號：FDA風字第1041107358A號
速別：
密等及解密條件或保密期限：
附件：感謝狀1份

主旨：感謝貴單位協助提供八仙塵爆事件傷患所需醫療物資，特致感謝狀敬表謝忱，請查照。

說明：

一、為有效整合及調度各界捐贈八仙塵爆事件傷患所需之醫療物資，本署特建置「八仙塵爆事件醫療捐贈物資調度系統」提供媒合服務，業經調查各收治醫院之需求情形，均回復對媒合平台上之相關捐贈物資已再無需求，即日起將終止該項系統媒合服務。

二、本署為感謝貴單位積極參與社會公益，愛心捐贈、熱心奉獻，散發人間無限溫情，特致謝忱。

正本：遠東新世紀股份有限公司、[illegible]

衛生福利部
食品藥物管理署感謝狀

瑪旺幹細胞醫學生物科技股份有限公司

協助提供八仙塵爆事件傷患所需醫療物資，熱心服務，殊堪嘉許，特頒此狀，以資感謝。

署長 姜郁美

中華民國 105 年 2 月 19 日

FDA風字第1041107358A號

個案公司簡介

三顧股份有限公司

三顧股份有限公司(以下簡稱三顧公司)，創立之初是以電子零件代理和半導體代理為主要業務，2014年跨入生技領域，和國內外廠商進行各種合作，並建立實驗室，進行商技產品之開發。目前以「再生醫學」為新的發展項目，和日本廠商進行技轉合作取得「細胞層片」技術、在台灣建立細胞製程中心、取得國內第一案「細胞治療產品三期臨床試驗許可」、獲得科技部專案審查核准於竹北生醫園區建廠投資、與日本合作規劃全新一代自動化細胞治療工廠，生技產品研發與生產能量充足。與國內多數頂尖醫學中心級之教學醫院攜手合作，從現有產品的收費治療，產品臨床試驗、產品新應用之開發(節錄自三顧公司2018年年報，作者整理)。

表12 三顧股份有限公司沿革

1998年	09月17日公司正式成立，資本額為100,000,000元。
	主要業務為電子零組件之代理銷售。
1999年	銷售Vitesse半導體產品。
2000年	代理並銷售Summit半導體產品。
	代理並銷售BTI半導體產品。
	代理並銷售Dense-Pac半導體產品。
2001年	代理並銷售Apogee半導體產品。
	現金增資110,000,000元，資本額為120,000,000元。
	轉投資MetaTech Investment Holding Co Ltd(BVI) USD2,000,000元。
	購置辦公室(汐止市新台五路一段75號14樓之2、3)。
2002年	代理並銷售Fordahl半導體產品。
	代理並銷售Cyan半導體產品。
	代理並銷售TDK半導體產品。
	代理碩頡科技半導體產品。
	09月辦理公開發行，並接受元富證券上櫃輔導。
	辦理現金增資48,000,000元，公司實收資本額為168,000,000元。
2003年	代理並銷售Qctasic半導體產品。
	代理並銷售Fastrax半導體產品。
	代理並銷售Samtec連接器產品。
	代理並銷售u-Nav半導體產品。
	代理並銷售SIMTEC半導體產品。
	代理並銷售Intrinsity半導體產品。
	代理並銷售Volterra半導體產品。
	代理並銷售Anachip半導體產品。
	辦理盈餘轉增資及資本公積轉增資26,700,000元，公司實收資本額為194,700,000元。

	06月27日登錄為興櫃股票。
	10月31日申請股票上櫃。
2004年	代理並銷售Conexant半導體產品。
	代理並銷售Alta Analog半導體產品。
	代理並銷售Alliance半導體產品。
	代理並銷售TCL半導體產品。
	代理並銷售Quorum半導體產品。
	代理並銷售Motia半導體產品。
	代理並銷售iTerra半導體產品。
	代理並銷售Gemstone半導體產品。
	代理並銷售Tak'ASIC半導體產品。
	04月06日經財政部證券暨期貨管理委員會核准股票上櫃申請。
	06月03日股票掛牌上櫃。
	辦理盈餘轉增資44,300,000元，公司實收資本額為239,000,000元。
2005年	代理並銷售Intersil半導體產品。
	增加海外投資成立聯屬公司"三顧貿易(深圳)有限公司"。
	增加海外投資成立MetaTech(S) Pte Ltd.印度分公司。
	辦理盈餘轉增資27,000,000元，公司實收資本額為266,000,000元。
2006年	代理並銷售Chipidea半導體產品。
	代理並銷售Lite-on Ambient Light Sensor產品。
	發行可轉換公司債面額新台幣120,000,000元。
	辦理盈餘轉增資34,000,000元，公司實收資本額為300,000,000元。
	辦理現金增資60,000,000元，公司實收資本額為360,000,000元。
	購置辦公室(台北縣汐止市新台五路一段75號14樓之4、5)。
	公司債轉換普通股共1,362,532股，公司實收資本額為373,625,320元。

2007年	代理並銷售Lattice 半導體產品。
	代理並銷售Mindspeed 半導體產品。
	辦理盈餘轉增資19,546,200 元，資本公積轉增資24,253,800 元公司，實收資本額為417,425,320 元。
	公司債轉換普通股共573,797 股，公司實收資本額為423,163,290 元。
	增加海外投資MetaTech(S) Pte Ltd.新幣3,800,000 元。
	增加海外投資MetaTech Ltd.港幣15,000,000 元。
2008年	代理並銷售Teridian 半導體產品。
	代理並銷售Forward 半導體產品。
	辦理資本公積轉增資10,000,000 元，公司實收資本額為433,163,290 元。
2009年	代理並銷售Ideacom 半導體產品。
	代理並銷售Microvision 半導體產品。
	代理並銷售On-Ramp Wireless 半導體產品。
	增加海外投資MetaTech Ltd.港幣11,000,000 元。
2010年	代理並銷售5V Technologies,Ltd.半導體產品。
	代理並銷售Beijing Yoton 半導體產品。
	代理並銷售Broadlogic 半導體產品。
	代理並銷售ClariPhy 半導體產品。
	代理並銷售E-Switch 半導體產品。
	代理並銷售Eturbo 半導體產品。
	代理並銷售Greenliant 半導體產品。
	代理並銷售Maxim 半導體產品。
	代理並銷售Chingis Technologies Inc.半導體產品。
	代理並銷售Phoenix 半導體產品。
	代理並銷售United Lighting Opto-electronic Inc.半導體產品。
	代理並銷售Zywyn+半導體產品。

	公司債轉換普通股共8,620股，公司實收資本額為433,249,490元。
2011年	代理並銷售AIC半導體產品。
	代理並銷售eGalax_eMPIA半導體產品。
	代理並銷售Eturbo半導體產品。
	代理並銷售Helicomm半導體產品。
	代理並銷售Jorjin半導體產品。
	代理並銷售Semitech半導體產品。
	代理並銷售Silego半導體產品。
	國內第一次可轉換公司債到期且全數贖回，並於2011年10月03日終止櫃檯買賣。
	庫藏股註銷股數共1,321,000股，公司實收資本為420,039,490元。
2012年	代理並銷售InterFET半導體產品。
	代理並銷售Innovasic半導體產品。
	代理並銷售KDTouch半導體產品。
	代理並銷售Seeways半導體產品。
	代理並銷售APEX半導體產品。
	代理並銷售BCD半導體產品。
	代理並銷售Immeuse半導體產品。
2013年	11月通過減資彌補虧損案，每仟股減少285.781439股，減資後資本額為300,000,000元。
	11月成立生醫部門。
2014年	股務業務由中國信託轉為康和綜合證券代理。
	發行國內第二次有擔保可轉換公司債面額新台幣150,000,000元。
2015年	辦理現金增資10,000,000股，公司實收資本額為400,000,000元。
	首次設置審計委員會。
	董事會通過與台北醫學大學簽署「多功能影像數據化暨生醫晶片檢測整合技術平台技術移轉授權合約書」。

2016年	與華大基因健康科技(香港)有限公司簽訂腫瘤用藥相關基因檢測代理協議，並提供國內癌症病患基因檢測之服務。
	與華大基因健康科技(香港)有限公司共同簽訂合作備忘錄，將於台灣合作成立合資公司與實驗室，同意在台灣進行個人化癌症用藥基因檢測，落實癌症基因藥物篩檢在地化。
	收購建華旅行社股份有限公司為子公司。
	與日本CellSeed Inc.共同簽訂合作備忘錄(MOU，Memorandum of Understanding)，擬於台灣發展再生醫學，包括細胞培養技術的轉移及人體組織器官的重建、修復(例如：食道內壁)，範圍包括發展計畫、臨床試驗、製造及產品銷售等四方面。
	與日本cellseed公司簽訂細胞層片再生醫療合作之啟動契約，三顧將引進日本所研發之細胞層片技術，雙方共同研擬在台展開食道及膝蓋軟骨之再生醫療開發計畫，以縮短研發時程，促進再生醫療產品早日在台完成事業化。
2017年	與日本CellSeed公司簽訂細胞層片再生醫學之合作契約書，將引進日本所研發之細胞層片技術，開發食道及膝蓋軟骨相關產品，並建置細胞層片製程中心(CPC)，以執行食道修復與膝蓋軟骨再生臨床試驗。
	與日本CellSeed公司簽訂細胞層片新技術開發之備忘錄，將與日本CellSeed公司共同開發新技術與新產品，以拓展台灣再生醫療事業。
	公司債轉換普通股共4,016,045股，公司實收資本額為440,160,450元。
	2018年
2018年	發行員工認股權憑證4,000單位，2018年1月8日申報生效在案。
	辦理2017年現金增資14,000,000股，公司實收資本額為580,160,450元。
	通過國發基金投資案投資新台幣1億元，為台灣第2家獲得產業創新轉型基金注資的企業。
	研發人員細胞層片技術培訓，2018年3月赴日受訓。
	通過經濟部工業局產業升級創新平台輔導計畫(創新優化計畫)，於自體細胞層片之再生醫學臨床及產品開發。
	與國防醫學院三軍總醫院戴念梓醫師簽訂開發「皮膚細胞層片應用於傷口癒合之研究」之合作備忘錄，將創新研發皮膚細胞層片產品。
	取得新竹生物醫學園區投資案審議委員會議(竹北分公司)取得入園投資核准。
	發行國內第三次有擔保可轉換公司債面額新台幣150,000,000元。

	完成核心技術轉移，2018年11月種子技術人員赴日取得膝蓋軟骨層片細胞培養技術。
	細胞製程中心(CPC)建置完成並進行試運轉。
	自體口腔黏膜細胞層片臨床第三期試驗案IND申請提交衛福部。
2019年	與義大醫院杜元坤院長簽訂膝軟骨層片修復以及神經叢技術合作契約。
	向衛福部提交之自體口腔黏膜細胞層片第三期臨床試驗獲原則同意試驗進行。
	三顧於日本東京與日立集團簽訂三方合作備忘錄，共同開拓台灣再生醫學市場。

資料來源：引用自三顧公司2018年年報

以三顧公司2018年年報公布之資訊， 主要之營收來源為連接器業務(62.55%)，但是從2014年創立生醫部門開始，對於生醫部門的合作技轉、研發經費投入、相關設備與設施的投資是更是三顧公司近年注重的重點發展項目。下表13為三顧公司之營業比重：

表13三顧公司2018年度營業比重

單位：新台幣仟元；%

業務項目	銷售金額	營業比重
連接器	913,463	62.55%
其他	248,182	17.00%
通訊產品	230,112	15.76%
消費性產品	65,842	4.51%
生醫產品	2,691	0.18%
總和	1,460,290	100.00%

資料來源：整理自三顧公司2018年年報

三顧電子部門研發概況

(節錄自三顧公司2018年年報，作者整理)：

1.電子部門加強淘汰舊產品，更換新產品，持續取得國際大廠品牌代理權。

2.提供客戶完整的設計組合以節省客戶研發費用，藉此提升服務水準，強化本公司與客戶之合作關係。

三顧公司為擴展生醫部門發展，將業務主軸定位為再生醫學業務的發展，包含產品研發與業務開發。以下是生醫部門近年的發展概況：

三顧生醫部門研發概況

(節錄自三顧公司2018年年報，作者整理)：

1.於2016年12月21日與日本Cellseed Inc.簽訂細胞層片再生醫療合作之啟動契約，合約價款為日幣50,000,000 元，雙方於2017年4月24日正式簽訂再生醫學合作契約，合約價款為日幣1,250,000,000 元。截至2018年12 月31 日，

本公司已依該契約約定付款時程支付日幣715,770,551元。

2.2017年獲得國發基金的「產業創新轉型基金」，以及金管會證期局核准現金增資14,000,000股資金，協助細胞層片在臺灣臨床試驗發展所需。

3.細胞製程中心的建置：

3-1. 目前已在汐止科學園區建置符合國際醫藥品稽查協約組織(PIC/S GMP)標準條件的細胞製程中心，以利後續產品的研發、製造及生產。

3-2. 中心內部設立品管實驗室，負責細胞層片品管流程，未來也將向外推廣品管相關業務。

3-3. 2018年10月完成環境及儀器之確效，2018年11月開始進行產品製程確效與試量產，可做為食道與膝蓋軟骨臨床試驗產品生產場所。

3-4. 2018年業經科技部審議委員會審查通過，核准進駐新竹生醫園區設廠投資，未來產能預計將超越現有規模20倍以上，目標導入自動化細胞培養製程，與歐美日大廠並駕齊驅。

4.目前本公司已成功技轉細胞層片培養技術，在「食道層片」開發部分，已於2018年完成CDE預審，2019年初提交之第三期臨床試驗已獲衛福部原則同意試驗進行，且完成衛福部風管組GTP訪查作業，未來將與台大醫院及義大醫院合作執行臨床試驗。

5.膝蓋軟骨層片細胞培養技術：

5-1. 2018年11月三顧生醫種子技術人員赴日已取得膝蓋軟骨層片細胞培養技術，完成核心技術之轉移。「關節軟骨層片」開發將與國內10家醫學中心合計14位醫師共同執行，並已諮詢財團法人醫藥品查驗中心(CDE)之預審。

5-2. 我國膝關節置換人數每年達四萬餘件，因此規劃同時與數家醫學中心同步收案，增加臨床案例，加速產品上市時程。

5-3. 與義大醫院杜元坤院長簽訂膝軟骨層片修復以及神經叢技術合作契約，期望藉由細胞層片與神經手術之結合

能提高成功率，讓原本缺乏軟骨處可以再長，可治療癱瘓病人。

截至2019年第一季研發費用為12,364仟元，主要係為配合本公司從事再生醫學發展。

◆個案財務管理策略分析

從前面的個案探討可以知道，全球醫美產業市場之龐大，帶動醫材產業，以及提供如再生醫學等新的醫學技術有一可以發揮之空間。以台灣醫美市場作為分析基準，我們應探討台灣醫美產業狀態對廠商所代表之意義，並進一步分析推論個案所執行的財務策略所代表的意義。

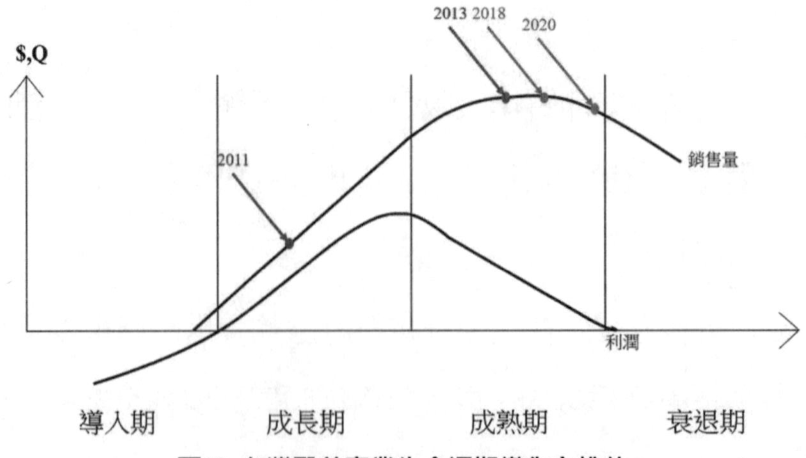

圖12 台灣醫美產業生命週期變化之推估

資料來源：作者整理

從台灣醫美產業的整體環境來看，圖12 是作者整理相關資料得到有關於台灣醫美產業生命週期的推論。自從2013年到達巔峰之後，台灣開始進入削價競爭的紅海市場，並在2018年退出了1/3的醫美診所數，台灣人對醫美產業既熟悉也不排斥、對於醫美是理性消費之態度，且台灣出生率逐年下降，但是另外考量外國市場吸引醫美醫生外移、醫療旅遊擴大台灣醫美市場規模、以及新的醫美技術出現，根據這些現象推論，台灣接下來會進入產業競爭者結構較為穩定、產品持續更換、顧客維持在一定數量但是組成會不斷更新的一個狀態，還可維持在產業成熟期，但是可能會逐漸進入衰退期。

如果從整體環境來看，台灣醫美產業因為進入成熟期階段，再加上總體環境的影響，而呈現以下表14的特色：

表14 台灣醫美產業總體環境分析

1. 政策/法規:	台灣醫美產業在相關用藥，手術規範、細胞製劑核准等法規與政策日趨完善，對台灣消費者比較有保障，但是對於相關的製藥、醫美診所等，卻會增加隱性成本，譬如高風險醫美手術規範的實施，台灣要執行相關手術的診所或是醫療機構的醫師必須取得相關資格，並且有全身麻醉之場合須由麻醉專科醫師現場坐鎮，無形中增加人事上的成本負擔；醫美保養品或是某些醫美藥劑是屬於藥事法的管轄範圍，因此在行銷傳播上，所受限制較多。
2. 經濟環境:	台灣經濟環境較易受到大環境影響，因此波動較大，可支配所得是不斷變動；台灣人口呈現老化與少子化狀態，現階段在對抗衰老方面的醫美產品的產值會提昇、但是在未來，市場人數規模縮小；而台灣人對醫美是理性消費，所以要如何開發市場業務也是一大問題。
3. 社會環境:	台灣人逐漸接受醫美所帶來的效益，因此台灣的醫美產業雖處於飽和狀態，但台灣人對醫美很熟悉，雖然理性消費但不排斥，市場開發費用小，且不同年齡階段有不同的對應產品，不會排斥醫美產品。
4. 技術環境:	台灣在醫療、醫美、醫材是具有足夠的研發製造能力，再加上管理法規已經逐漸完善，未來對於技術開發更有保障。且部分廠商看準台灣還未被填補的技術缺口，從國外引進技術。

表15 麥茵茲美形診所內部分析

分析構面	評比項目	評估結果(優/普通/劣)
整體組織	1.企業基本價值(願景、理念、價值觀)	1.優
	2.領導能力與風格	2.優
	3.組織學習	3.優
	4.組織變革與創新	4.優
	5.人際協調能力	5.優
生產與技術	1.硬體設施(廠房、設備等)	1.優
	2.製程與產能	2.優
	3.生產規模	3.優
	4.庫存成本	4.優
人力資源	1.員工甄選	1.優
	2.教育訓練	2.優
	3.員工考核與獎懲	3.優
	4.員工士氣和參與	4.優
	5.人力結構	5.優
研究發展	1.研發能量	1.優
	2.研發成果與專利	2.優
	3.對技術的敏感度	3.優
財務	1.績效指標	1.優
	2.資金取得難易度	2.優
	3.財務穩定性	3.優

行銷	1.顧客關係	1.優
	2.市場佔有率	2.優-良
	3.產品利潤	3.優-良
	4.產品品質	4.優
	5.商譽	5.優
	6.4P的創新與執行能力	

再來分析麥茵茲美形診所的內部分析、策略分析，以及其籌資策略，再結合醫美產業的生命週期分析與PEST分析，評析麥茵茲美形診所的財務策略之面貌。表15是麥茵茲美形診所和目前台灣的競爭者相比較之下的內部分析結果：

麥茵茲診所的策略分析

從上述分析以及前章節對麥茵茲美形診所的介紹，我們可以知道，麥茵茲美形診所是台灣醫美的先驅，其旗下品牌除了診所與形象沙龍之外，更有保養品品牌的生產製造、再生醫學產品的品牌與製造、策略聯盟、與外國研究機構合作開發新技術，再加有貿易公司經驗，引進先進的醫美設備，上述都是以診所和形象沙龍為通路據點進行銷售。推論集團的策略應是以完善醫美的產品線為主要的經營策略，再透過強化形象、推廣形象的方式，提升麥茵茲美形診所的營銷量與銷售額。因此必須有大量的資金挹注和運用，麥茵茲美形診所的財務策略將以籌資策略為主軸，以因應麥茵茲美形診所對醫美產品線擴充進行支援。

籌資策略

從前面章節有描述到，麥茵茲美形診所有以下7種籌資策略： 1.企業主個人信貸、2.企業貸款、3.政府貸款、4.政府獎勵方案、5.政府補助方案、6.中長期融資、7.保證業務：

表16 麥茵茲美形診所的籌資方式

籌資項目	特色
1.企業主個人信貸	企業主個人信貸，常將企業主的條件審核與企業營業績效綁定，因此在審核條件上會較多。
2.企業貸款	企業貸款則可作為企業與銀行往來的依據，同時也是培養企業信用的一種方式。除可進行營運槓桿和財務槓桿之作用，對於日後更大額度的貸款申請是有助益的。
3.政府貸款	通常是專案性質，不是常態性的，而且會針對特定產業或是業者補助，貸款方式較多變，有時條件甚至較一般貸款寬鬆。
4.政府獎勵方案	通常是專案性質，不是常態性的，針對特定產業或是事件進行獎勵補助，具有篩選掉部分的申請競爭者的功能。

5.政府補助方案	政府補助方案常常是協助產業在技術方面或是經營方面的創新發展，因此不只審查企業經營狀況，甚至也審查所提出之計畫書，以及後續過關後的執行進度，因此較難申請。
6.中長期融資	擔保品設定(土地、建築物、機器設備)，作專案貸款。
7.保證業務	可做為短期資金供需調節用。

麥茵茲美形診所以集團型式經營，因為自身經營績效優良，產品有口碑，再加上集團本身持續相關多角化，並有自身的研發能量。因此在抵押品設定、政府獎勵或是補助方案等方面皆可以申請，企業信用良好，因此籌資方式擴展到企業貸款、企業主個人貸款、政府相關補助案、中長期融資以及票券保證等，再加上本身產品線和業務種類可透過研發和製造能力而擴大與更新，可以應對台灣醫美市場對於產品種類替換快速的市場競爭情境，對於發展麥茵茲美形診所的業務所需的資金獲取是具有正向的影響。

再看到再生醫學領域，前面個案描述三顧公司近年加強再生醫學領域的業務，並加大投資力道，引進外國技術並簽訂合作協議，且其連接器業務占了六成左右的企業收入，可做為挹注公司資金的最大來源，可以支持其發展再生醫學，是屬於財務穩健的公司。三顧公司的財務狀態，可根據所公布的108年度的年報資料進行檢視。

根據三顧公司的年報說明，表17是三顧公司的合併財務分析，上述報表在2017～2018年度的財務比率變動，有以下重點：

1.2018年辦理現金增資設置廠房、購置儀器設備及無形資產增加，致負債佔資產比率下降。

2.2018年本期虧損增加以致利息保障倍數為負數。

3.2018年發展再生醫學設置廠房及購買儀器增加致固定資產周轉率下降。

4.2018年發展再生醫學營業費用增加致本期虧損，故2018

表17 三顧公司近五年年度財務分析－國際財務報導準則－合併資訊

分析項目＼年度		最近五年度財務分析					當年度截至2019年3月31日財務資料
		2014年	2015年	2016年	2017年	2018年	
財務結構（%）	負債占資產比率	64.86	49.22	42.85	23.11	18.14	26.53
	長期資金占不動產、廠房及設備比率	907.96	910.57	763.02	721.2	612.15	639.34
償債能力（%）	流動比率	196.49	183.7	204.34	367.63	401.05	488.75
	速動比率	152.81	153.34	172.4	305.47	347.37	439.19
	利息保障倍數	4.41	2.82	-19.19	11.89	-1,487.91	-29.83

經營能力	應收款項週轉率（次）	5.27	4.91	4.63	5.17	4.99	4.64
	平均收現日數	69.26	74.34	78.83	70.6	73.14	78.66
	存貨週轉率（次）	13.03	12.27	12.04	11.94	11.8	11.56
	應付款項週轉率（次）	6.7	6.49	6.71	8.54	8.46	7.84
	平均銷貨日數	28.01	29.75	30.32	30.57	30.93	31.57
	不動產、廠房及設備週轉率（次）	37.36	38.48	27.88	19.73	11.19	6.84
	總資產週轉率（次）	2.5	2.23	1.81	1.8	1.4	0.93
獲利能力	資產報酬率（%）	2.72	0.51	-5.81	0.73	-5.52	-7.55
	權益報酬率（%）	6.06	0.42	-11.39	0.98	-6.91	-10.04
	稅前純益占實收資本額比率(%)	5.71	1.74	-16.43	1.8	-11.29	-5.15
	純益率（%）	0.88	0.08	-3.38	0.36	-3.95	-8.36
	每股盈餘（元）	0.6	0.05	-1.4	0.12	-1.01	-0.46
現金流量	現金流量比率（%）	-8.54	-5.71	22.7	-39.61	2.63	-21.81
	現金流量允當比率（%）	33.71	34.89	180.45	62.99	-13.38	-13.52
	現金再投資比率（%）	-6.64	-5	16.51	-11.34	0.52	-3.05
槓桿度	營運槓桿度	1.96	-2.4	0.56	2.24	0.75	0.66
	財務槓桿度	1.47	0.6	0.95	1.07	1	0.97

年各項獲利能力比率較上期下降。

註1：上開財務資料2014-2018 年度，均經會計師查核簽證；2019 年第一季經會計師核閱。

資料來源： 三顧股份有限公司(2019) 中華民國一O七年度年報。http：//www.metatech.com.tw/invest/meeting_report.aspx。

根據三顧公司的年報說明，表18是三顧公司的個體財務分析，上述報表在2017～2018年度的財務比率變動，有以下重點：

1.2018年辦理現金增資致流動資產增加，以致流動及速動比率上升。

2.2018年本期虧損增加以致利息保障倍數為負數。

3.2018年發展再生醫學設置廠房及購買儀器增加致固定資產周轉率下降。

4.2018年發展再生醫學營業費用增加致本期虧損，故2018

表18 三顧公司近五年年度財務分析–國際財務報導準則–個體資訊

分析項目＼年度		最近年度財務分析				
		2014年	2015年	2016年	2017年	2018年
財務結構(%)	負債占資產比率	57.93	41.65	33.42	10.35	11.05
	長期資金占不動產、廠房及設備比率	968.2	945.8	784.78	731.2	616.09
償債能力(%)	流動比率	131.85	118.41	110.44	287.11	354.4
	速動比率	100.24	97.6	94.57	234.7	324.17
	利息保障倍數	4.18	1.7	-19.67	6.04	-1,525.80
經營能力	應收款項週轉率(次)	4.47	4.02	4.16	4.31	4.61
	平均收現日數	81.58	90.73	87.77	84.63	79.14
	存貨週轉率(次)	11.48	11.69	13.32	10.97	12.13
	應付款項週轉率(次)	5.23	4.92	5.62	6.22	6.27
	平均銷貨日數	31.79	31.22	27.4	33.28	30.09
	不動產、廠房及設備週轉率(次)	16.48	18.09	13.08	5.74	3.31
	總資產週轉率(次)	1.23	1.17	0.95	0.6	0.46

獲利能力	資產報酬率(%)	3.34	0.94	-6.71	0.85	-6.16
	權益報酬率(%)	6.06	0.42	-11.39	0.98	-6.91
	稅前純益占實收資本額比率(%)	5.85	1.26	-16.83	0.84	-11.58
	純(損)益率(%)	2.17	0.18	-7.44	1.27	-13.49
	每股盈餘(元)	0.6	0.05	-1.4	0.12	-1.01
現金流量	現金流量比率(%)	-14.13	-11.67	17.14	-46.57	-24.14
	現金流量允當比率(%)	-195.4	-173.56	-61.3	-86.1	-31.84
	現金再投資比率(%)	-6.76	-7.58	7.86	-4.51	-2.62
槓桿度	營運槓桿度	0.42	1.46	0.73	0.59	0.86
	財務槓桿度	0.54	0.81	0.94	0.97	1

年各項獲利能力比率較上期下降。

註 1：上開財務資料 2014-2018 年度，均經會計師查核簽證。

資料來源： 三顧股份有限公司(2019) 中華民國一Ｏ七年度年報。http：//www.metatech.com.tw/invest/meeting_report.aspx。

根據三顧公司的年報說明，表19是三顧公司2017～2018年度的財務狀況的變動比較分析，有以下重點：

1.2018年流動資產增加，係現金增資所致。

2.2018年不動產、廠房及設備增加，係2018年購置儀器設備及建置實驗室相關支出。

3.2018年其他資產增加，係本期支付日本Cellseed權利金，故無形資產增加所致。

4.2018年流動負債增加，係營運周轉需求舉借短期借款、年底進貨增加致應付帳款增加所致。

5.2018年股本增加，係現金增資所致。

6.2018年資本公積增加，係現金增資所致。

7.2018年其他權益減少，係國外營運機構財務報表換算之兌換差額。

8.公司預計將專注於營業毛利率之提升，與開發新產品線及客源，以維持營運之穩定成長。

表19 三顧公司財務狀況比較分析表

單位：新台幣仟元

年度 項目	2018年度	2017年度	差異	
			金額	%
流動資產	910,335	638,435	271,900	42.59
不動產、廠房及設備	177,016	84,031	92,985	110.66
其他資產	223,217	57,230	165,987	290.03
資產總額	1,310,588	779,696	530,892	68.09
流動負債	226,996	173,663	53,333	30.71
非流動負債	10,736	6,518	4,218	64.71
負債總額	237,729	180,181	57,548	31.94
股本	580,160	440,160	140,000	31.81
資本公積	618,263	234,624	383,639	163.51
保留盈餘	-114,567	-55,630	-58,937	105.94
其他權益	-10,997	-19,639	8,642	-44
股東權益總額	1,072,859	599,515	473,344	78.95

資料來源： 三顧股份有限公司(2019) 中華民國一Ｏ七年度年報。http：//www.metatech.com.tw/invest/meeting_report.aspx。

根據三顧公司的年報說明，表20是三顧公司2017～2018年度的經營結果的比較分析，有以下重點：

1.2018年營業費用增加主係投入再生醫學致營業費用增加所致。

2.2018年所得稅利益增加，主係因虧損扣抵所致。

3.2018年其他綜合損益，主係本期國外營運機構財務報表換算之兌換差額，利益較2017年度大所致。

4.2018年營業損失81,657仟元較2017年營業損利益11,432仟元損失增加原因，主係投入再生醫學致營業費用增加所致。

5.2018年稅前純損65,512仟元較2017年稅前利益7,936仟元損失增加原因，主係投入再生醫學致營業費用增加所致。

6.營業外收入及支出增加，主係外幣兌換利益係因美元及日幣升值影響所致。

7.毛利降低係因主要客戶本期對毛利較低之產品需求增加

表20 三顧公司經營結果比較分析表

年度 項目	2018年	2017年	增(減)金額	變動比例(%)
營業收入淨額	1,460,290	1,429,233	31,057	2.17%
營業成本	1,310,257	1,267,105	43,152	3.41%
營業毛利	150,033	162,128	-12,095	-7.46%
營業費用	231,690	150,696	80,994	53.75%
營業利益(損失)	-81,657	11,432	-93,089	-814.28%
營業外收入及支出	16,145	-3,496	19,641	-561.81%
稅前純益	-65,512	7,936	-73,448	-925.50%
所得稅利益(費用)	7,768	-2,747	10,515	-382.78%
本期(淨損)	-57,744	5,189	-62,933	-1212.82%
其他綜合損益	7,449	-16,745	24,194	-144.48%
本期綜合損益	-50,295	-11,556	-38,739	335.23%

所致。

資料來源： 三顧股份有限公司(2019) 中華民國一O七年度年報。http：//www.metatech.com.tw/invest/meeting_report.aspx。

根據三顧公司的年報說明，表21是三顧公司2017～2018年度的現金流量變動分析，有以下重點：

1.**營業活動**：2018年度營業活動產生淨現金流入增加，係2018年度應收帳款餘額較2017年度低及本期列支股份基

礎給付之酬勞成本所致。

2.**投資活動**：2017年投資活動淨現金流出係無形資產增加及建置實驗室所致。

3.**籌資活動**：2018年籌資活動淨現金流入主係辦理現金增資所致。

表21 三顧公司2017～2018年度現金流量變動分析表

項目	2018 年度	2017 年度	變動金額
營業活動淨現金流(出)入	5,978	-68,793	74,771
投資活動淨現金流出	-251,662	-33,748	-217,914
籌資活動淨現金流入	523,997	0	523,997

資料來源： 三顧股份有限公司(2019) 中華民國一〇七年度年報。http：//www.metatech.com.tw/invest/meeting_report.aspx。

根據三顧公司的年報說明，表22是三顧公司預估2019年的現金流量性分析，有以下重點：

1.**營業活動**：預期來自營業活動淨現金流出為79,366 仟元。

2.**投資活動**：預計支付技轉金、建置實驗室及購置設備。

3.**融資活動**：為電子營運週轉金需求，於2018年08月07日本

公司董事會通過發行第三次有擔保轉換公司債壹億伍仟壹佰伍

表22 三顧公司2019年預估現金流動性分析

期初現金餘額-1	預計全年來自營業活動淨現金流量(2)	預計全年現金流入量(3)	預計現金剩餘(不足)數額(1)+(2)+(3)	預計現金不足額之補救措施	
				投資計劃	融資計劃
494,329	-79,366	-28,761	386,202	-	-

拾萬元整，並於2019年1月07日收足應募價款。

資料來源： 三顧股份有限公司(2019) 中華民國一O七年度年報。http：//www.metatech.com.tw/invest/meeting_report.aspx。

◆三顧的財務策略

從三顧公司的財務報表，我們可以理解到，三顧公司嗅到了再生醫學的未來，尤其在現階段台灣有關的技術還未特別成熟的情形下，如能提前搶占市場領導者地位，對未來跨足再生醫學不同領域將有大的優勢，再加上原有的電子事業部門的支持，三顧公司的未來將投注更多資源於再生醫學的事業上，從上述2017～2018年的各項營運以及現金流量變動報告中都有提及的“2018年購置儀器設備及建置實驗室相關支出”、“支付日本Cellseed權利金”以及”投入再生醫學致各種營業費用增

加”等敘述，可以說明三顧公司正重新佈署其財務資源，以因應企業轉向營運再生醫學業務所做的準備。

而且預估未來研發計劃與資源將投入於再生醫療事業上。在原本的電子部門之產品業務用於高科技產品及3C產品上，所受的財務影響也不大的情境下，再加上預期未來可投入於雲端科技等高端市場，公司預估可以提升營收，將有更多資金挹注於再生醫學業務的發展。因此可以知道，三顧公司的財務策略將轉向於以支持新業務發展的策略為主。

個案議題反思

從本節的個案資料，或者是讀者從其他的報章雜誌蒐集到的資料，您認為以台灣目前醫美產業的狀態，微整形是否可能創造出醫美產業的第二波成長？為什麼？

今天假設讀者是某間醫材廠商的總經理特助，老闆覺得醫美市場以及醫療旅遊市場是一塊大餅，也想要新開一個醫美品牌搶占醫美市場大餅，賦予您這項任務。請問您會如何運用在導論中學到的概念擬定策略達成該目標？而又你手中有哪些財務資源與策略可供運用與支持？假設該公司經營狀況如以下條件：

主要產品為腹式及內視鏡腹腔手術器械零件、開腹手術器械零件、牙科植牙用植體及其周邊產品。客戶為國際第二線與其他國家地方廠商。現有之長短期策略規劃如下敘述：

1. 短期業務發展計劃

(1)行銷策略

A.鞏固現有顧客訂單，持續強化既有客戶之支援與提供高品質服務。

B.強化行銷及通路能力，積極擴展歐盟、美國、日本、中國大陸及其他新興國家地區之市場開發。

(2)生產策略

A.建立MRP系統。

B.高階製程技術深根廠內，提高自製率。

2. 長期業務發展計劃

(1)行銷策略

A.以吸收一線大廠成為客戶的目標前進。

B.鞏固與現有顧客和供應商的策略聯盟與合作關係。

C.深入布局歐美及新興市場，為積極擴展醫材與醫美業務之準備。

D.積極開發醫美的高值化產品之潛力客戶，例如：醫美產業。

(2)生產策略

A.結合自動化與IoT於生產線上，強化自動化作業與監控的能力。

B.推動精實生產機制，降低生產日程與庫存呆滯成本。

C.垂直整合產品上、中、下游之開發製程，以降低生產成本，提升產品競爭力。

(3)營運管理

A.加速擴展行銷通路與進入醫美市場。

公司在2019年度的財務狀況：

2019年可動用之營運資金：$10,000,000.00

公司特別設置的發展基金：$50,000,000.00

2019年到期的公司債：$25,000,000.00

2019年到期應負帳款：$5,000,000.00

表23 研發費用

單位：新台幣仟元

	2018年度的研發經費
研發費用	180,000
營業收入淨額	2,000,000
比例	9.00%

表24 內外銷金額比重

年度／區域		2017年度	2018年度
		比重(%)	比重(%)
外銷	美洲	82%	81%
	歐洲	9%	9%
	亞洲	4%	5%
	其他	1%	0%
	小計	96%	95%
內銷		4%	5%
總計		100.00%	100.00%

表25 業務項目內外銷金額

單位：新台幣仟元

業務項目	2017年		2018年	
	內銷	外銷	內銷	外銷
	值	值	值	值
腹式及內視鏡腹腔手術器械零件	28,000	1,100,000	30,400	1,000,000
開腹手術器械零件	16,000	470,000	9,500	440,000
牙科植牙用植體及其周邊產品	36,000	187,000	50,000	210,000

表26 最近五年財務分析

年度 / 分析項目		最近五年財務分析				
		2014年	2015年	2016年	2017年	2018年
財務結構(%)	負債占資產比率	42%	40%	46%	49%	46%
	長期資金占不動產、廠房及設備比率	212%	167%	242%	178%	232%
償債能力(%)	流動比率	310%	156%	247%	139%	231%
	速動比率	208%	100%	187%	105%	173%
	利息保障倍數	80	41	41	16	29
	應收款項週轉率（次）	6	6	6	6	5
	平均收現日數	58	66	58	64	70

經營能力	存貨週轉率（次）	3	3	3	3	3
	應付款項週轉率（次）	5	5	6	6	5
	平均銷貨日數	129	144	139	136	139
	不動產、廠房及設備週轉率（次）	2	2	2	2	2
	總資產週轉率（次）	1	1	1	1	1
獲利能力	資產報酬率(%)	16%	13%	14%	6%	10%
	權益報酬率(%)	26%	22%	24%	10%	19%
	稅前純益占實收資本額比率(%)	90%	88%	103%	48%	91%
	純益率(%)	17%	16%	17%	8%	15%
	每股盈餘（元）	8	7	9	4	7
現金流量	現金流量比率(%)	1	0	1	0	0
	現金流量允當比率(%)	1	1	1	1	1
	現金再投資比率(%)	0	0	0	0	0
槓桿度	營運槓桿度	2	2	2	3	3
	財務槓桿度	1	1	1	1	1

造成財務比率變動的事件：

1.發行普通公司債。

2.短期借款及可轉換公司債減少。

3.稅前純益增加。

4.稅後損益增加。

5.營業活動淨現金流量增加。

6.短期借款及可轉換公司債減少。

7.營運資金增加所致。

表27 現金流量變動分析

單位：新台幣仟元

年度／項目	2017年	2018年	增減變動比例
現金流量比率(%)	16.66%	43.76%	162.67%
現金流量允當比率(%)	107.30%	112.37%	4.73%
現金再投資比率(%)	-1.41%	10.17%	821.28%

接續上題，如果您從行為財務學的角度，發現老闆的想法是不可行的，不應貿然進入該市場。請問，您認為，老闆最有可能犯了哪一種思考偏誤？ 應該用哪些證據和立論來說服老闆不要進場？

九大消化系專科聯盟

◆台灣醫療環境簡介

台灣醫療照護服務有三項特色：專業、安全、視病猶親。為了因應醫療環境與國際技術和趨勢的變化，近幾年台灣醫療體系和政府相關單位在政策上都有所轉變與作為，例如在政府部門相關單位的部分，在政策上著重於保障民眾就醫、用藥安全與落實分級醫療、提高地區醫院假日門診診察費、保障照顧服務員的合理待遇以及健保基金改革等有所著墨。全球新興國家人口增長以及已開發地區人口老化問題所帶來的高醫療成本、各種新療法用於治療疾病、人工智慧的醫療應用與協助醫師診斷等，民間與官方的產學研合作聯盟建立起各種的智能與預防醫學平台，皆是改善與改變台灣醫療環境的作法。

2019年開始，衛生福利部發出第一張醫療機構的自體免疫細胞治療許可證，代表台灣醫療將向下一個技術世代邁進，帶動高端生技醫療的發展，諸如各種細胞製品、細胞治療技術和相關機構平台的設立，以及與AI結合，促進研發速度與成功率、微創醫療器材與智慧醫療輔具發展等。各種新技術、新應用使相關單位與廠商間持續布局，並且與外國技術單位或是技術廠商攜手合作，達成雙贏的局面。根據台灣經濟研究院的研究報告所示，2019年1～10月我國醫療保健服務業的銷售額為257.83億元，較2018年同期成長8.88%。

而我國醫療技術與成就也是有目共睹，從2018年開始國內醫療單位開始共同合作，開發海外客群、東南亞、中國商務客等皆是建立台灣國際醫療品牌形象及知名度的首要目標。

我國醫療保健服務業之成本中，薪資與佣金支出為最大的支出項目，占比達到51.20%；再來則是醫療過程中需使用的各種醫療耗材與藥品等，占比達到32.91%，這兩項的占比已達84.11%。所以醫療保健服務業的成本項目是呈現集中趨勢。目前我國在醫療執業人員中，受雇人員已達到368,226人，醫院

483家、診所22,333家、執業醫生257,561人。到2018年的醫療服務量統計：出院人次3,332,982人，年增率2.08%、住院健檢人數41,208人，年增率5.08%、手術人數2,099,838人，年增率2.85%、門診人數113,476,486人，年增率2.94%、急診人數7,392,002人，年增率2.94%、門診體檢人數3,971,380人，年增率2.46%、接生人數(含剖腹產)128,617人，年增率-6.52%、洗腎人數5,981,847人，年增率2.89%。

在醫師的勞工權益方面，2019年9月1日開始適用「勞動基準法」的住院醫師，也適用第84條之1，責任制工作者工時不受勞基法限制。衛福部另訂「住院醫師勞動權益保障及工作時間指引」，明訂相關的工作時數、休息和休假辦法，以保障醫師的權利。適用勞基法之住院醫師，也適用勞退新制雇主每月提撥6%為退休金等權益的規則，並適用五一勞動節的休假。2019年3月提出的《醫療法》部分條文修正草案，增列「醫師勞動權益」，明訂醫療機構須為受僱醫師提撥勞退金、投勞保等 ，一旦發生職災，月入逾15萬元的醫師一律以15萬元為上限計算補償，如不幸職災死亡，5個月喪葬費與 40個月死亡補償最高合

計為675萬元。未納入《勞基法》的主治醫師，根據醫療法修正草案，未來醫療機構將須與受僱醫師簽勞動契約，醫師工時也將受規範，一旦醫師因職災死亡、失能或傷病可獲補償。也就是在醫師的勞工權益方面，將有更好的保障。

◆全民健保議題

全民健康保險是將符合資格的全體國民納保，以保障國民的健康權益。其條件為具有中華民國國籍、在臺灣地區設籍滿6個月以上的民眾、在臺灣地區出生之新生兒，都必須參加。現在也將新住民、長期居留的白領外籍人士、僑生、外籍生、軍人、受刑人等納入健保體系。在2019年，臺灣幾近100%的民眾參加健保，且89.7%的民眾對健保制度表示滿意。

引述台灣經濟研究院的分析報告，依據「全民健保財務平衡及收支連動機制」，自105年1月1日起，一般保險費費率調降為4.69%，補充保險費費率調降為1.91%；業務收入、股利所得、利息所得及租金收入單次給付金額扣取下限調整到2萬元；加強資本利得補充保險費查核及監控。全民健保的財源主要來自保險費收入，保險對象被劃分為6類15目，針對不同身分類別規範不同費率。全民健保的支付範圍包含：診療、檢查、檢驗、會診、手術、麻醉、藥劑、材料、處置治療、護理及保險病房等，門診時只需自付部分費用。住院時則根據入住之病房類型、天數長短，自付住院醫療費用10%～30%的住院費用。截至2019年底，全民健保特約醫院21,435家，特約率92.57%；特約藥局6,516家。

全民健保的給付金額來自於每年的核定健保總額預算，該預算對於特約供應業者（包含加入健保體系的醫院、藥房，甚至藥商和醫療器材製造商等）形成強大的議價力。因為總額預算是固定的，所以四大醫療部門(牙醫、中醫、西醫基層診所和醫院)皆有基本給付預算上限。醫院根據其執業獲得的點數，向健保署各地區分局提出申報，依照調整後的點數基數進行支付。

這套支付制度原是為鼓勵醫院能盡量多收治病人，但因為收治的病患越多，高價的職業項目或是藥物也會獲得較多的給付點數，所以是變相鼓勵開立更多藥物處方和做更多的醫療服

務，但是也造成醫療資源的放廢和稀釋了每一點折算的金額。導致必須收治更多病患，形成惡性循環，也造成醫師過勞。

為了改善上述現象，我國衛服部整合全民健保多年累積的資料數據，成立「健保雲端藥歷系統」，可即時查詢用藥紀錄、檢驗紀錄與結果、手術明細、過敏藥物紀錄、入出院病歷紀錄、預防接種紀錄、設備儀器檢驗等，避免重複看病；同時推動轉診制度，落實不同等級的醫院分工體制；並且逐步推動二代健保，落實收支連動，保費彈性調整，以維持健保財務穩定。

而健保制度也對台灣的用藥造成不良影響。健保給付藥價過低，且醫院經常要求藥廠提供折扣，所以藥商一直不喜歡台灣的藥品市場導致許多新藥或創新產品無法在台上市，損害了許多病患得到更好的醫療權利。

台灣的全民健保行之有年，是台灣的成就，但其所衍生的諸多問題還有待進一步的處理與解套，唯有建立正確的醫病觀念，才是健保議題得以緩解的第一步。

個案公司簡介

九大消化系專科聯盟

九大消化系專科聯盟，總院位於高雄楠梓區，目前已在高雄鳳山區、五甲地區設立分院。九大消化系專科聯盟集合醫學中心級資深消化系專科醫師，專精於胃腸肝膽胰消化系統疾病檢查、診斷與治療，提供專業性、全面性、可近性與即時性的醫療服務。

九大消化系專科聯盟

最堅強肝膽胃腸科專科醫師團隊，主治消化系統疾病專業診療。專精舒適胃鏡、大腸鏡、超音波、超細徑經鼻無痛胃鏡、麻醉式無痛內視鏡、肝炎診斷追蹤治療、消化系癌症早期診斷、消化性潰瘍、胃腸道息肉切除治療、全套血液生化檢查、健康檢查、肝炎預防注射、一般急慢性內科疾病。

除了提供專業的醫療服務與諮詢，更經營社群網站與部落格，提供各種專業資詢與訊息服務，與民眾互動。

九大聯合診所民國87年7月由施永雄醫師於高雄市楠梓區成立，專任消化系專科主治醫師團隊：李玟青醫師、施永雄醫師、張旭男醫師、郭明德醫師。民國101年2月九大五甲診所成立於高雄市鳳山區，專任消化系專科主治醫師團隊：蔡國農醫師、黃健明醫師。民國102年9月九大自由診所成立於高雄市左營區，專任消化系專科主治醫師團隊：陳俊廷醫師、林忠成醫師、鄭智尹醫師。

根據施永雄院長的描述，當初創立九大消化系專科聯盟的初衷，就是為了服務基層的病患，因為根據在醫院任職時的經驗，發現很多病患只要基層診所照顧好，就不用到大醫院就診，節省不必要的時間與金錢的浪費。而為了能兼顧家庭與妥善照顧病患的理念，因此與大學同學合夥創業，創立診所時就不以個人名字命名，而是用一個互相能夠接受又象徵有遠大理想的名字來取名，於是九大消化系專科聯盟正式誕生，期許能秉持專業，專注於胃腸肝膽領域，以對待家人的心對待病人。經營的過程也面臨許多挑戰，2000年義大醫院於鄰近地區成立，吸引附近地區的病患，對許多小型診所和其他醫院造成壓力。但是九大消化系專科聯盟以專業為經營的基礎，深信唯有專業，才是作為醫療服務業的根基，唯有提供最好最專業的醫療服務，才能留住病患。除了留住病患，醫療的專業水準，也是後來成為和義大醫院合作的基石，唯有堅守專業，才是醫療服務業發展的根基。施永雄院長在醫界多年的執業經驗，不時的提醒著自己，醫療服務業除了專業，更重要的是秉持仁心，不僅要努力提升專業，每一次的診療，就是對病人找回健康的承諾。

◆個案財務管理策略分析

九大消化系專科聯盟，以肝膽胃腸科為主要的醫療業務領域，業務項目如下所示：

1. 消化系統疾病
2. 舒適胃鏡
3. 大腸鏡
4. 超音波
5. 超細徑經鼻無痛胃鏡

6. 麻醉式無痛內視鏡

7. 肝炎診斷追蹤治療

8. 消化系癌症早期診斷

9. 消化性潰瘍

10. 胃腸道息肉切除治療

11. 全套血液生化檢查

12. 健康檢查

13. 肝炎預防注射

14. 一般急慢性內科疾病。

表28 九大消化系專科聯盟SWOT分析

構面	優勢	劣勢
組織內部	醫師人數眾多。 診所提供專業團隊的品牌名聲、而不是個人主義、就診方便性及重品質的醫療服務。 高於同儕的薪資制度，員工休假彈性及舉辦研討聯誼餐會。	醫師主觀意識強、不易整合。
	機會	威脅
外部環境	積極參加國內、外醫學會議，引進新人帶來新的思維及動能。 AI結合醫學已有許多案例證實其對於輔助診斷的效益，開發新藥的時效性等，未來將有更多的。	基層醫療單位:診所林立，大醫院無限制一直擴張，讓診所腹背受敵。 目前健保制度造成健保點數偏低，影響營運財務收入。

◆九大消化系專科聯盟的策略規劃：

1. 總體策略

1-1.短期：穩扎穩打，提高現有病患之滿意度，降低員工之流動率。

1-2.中期：加深品牌形象，建立更好口碑，藉由網站、Line、臉書、部落格、關鍵字及廣告宣傳。

1-3.長期：新形象健診中心、長照機構的設立、吸引更多有共同理念的專科醫師來服務更多民眾。

1-4.未來的趨勢：結合AI(人工智慧)創造智慧化之新營運模式，提高方便性及診斷率，期望成為基層醫療單位之典範。

1-5.海外市場：暫無計劃，先立足台灣。

2. 品牌策略

2-1.品牌形象經營

2-1-1.口碑式行銷。

2-1-2.網路：網站、Line、臉書、部落格、關鍵字及廣告宣傳。

2-1-3.公益形象：配合公會或社會團體參與賑災，熱心公益活動及關懷弱勢，散播愛心。

3. 財務策略

3-1投資活動：基金、股票

3-2籌資活動：

3-2-1. 健保支付點數。

3-2-2. 將開發自費項目，擴增財務收入，包含：健康檢查、減重減脂、醫美服務、預防醫學。

3-2-3. 貸款：銀行貸款、信用貸款

4. 人力資源策略

4-1.合夥人挑選準則：人品、團隊精神、以團隊利益為考量。

4-2.分工架構：

4-2-1.各院事務由各院院長規劃與負責，總體事務由總院長召集開會決定。

4-2-2.行政副院長及行政祕書負擔行政工作。

4-3.培訓計劃與人力外流因應：

4-3-1.幹部培訓計劃：授權，下放權力及能力給重要幹部、參加進修活動。

4-3-2.人才外流：發展合作關係，例如對於健保政策的推行。

◆九大消化系專科聯盟的財務策略規劃：

九大消化系專科聯盟，從長期來看，會較著重開發自費項目的業務，並且更新與引進更多新的醫療技術，所以是需要較多的財務資源進行支撐。而短中期的目標則是著重於對人才的培育與留用、以及建立起品牌形象。因此在短中期內，需要的是一筆穩定的管銷、醫療物資採購和人事費用。品牌形象的建立與發展，策略除了透過平日職業時，專業的展現與口碑宣傳外，更需要擴大可接觸的潛在傳播對象，因此社群平台與社群軟體的經營也是必須的，勢必會增加人員的行政成本，因此也是管銷費用的增加，所以短中期的財務資源應透過平日的開業收入進行支應。長期的策略，則需要進行籌資，目前較可行的籌資方式則以自費項目、貸款、和投資項目的組合，是較有可能籌措到大量財務資源的財務策略之安排。

個案議題反思

從本節的個案資料，可以發現，台灣的醫療照護產業受到了全民健保的架構高度的影響，政府持續推動二代健保，或是藉由增加健保財務支出預算的方式來因應財務缺口這一長年存在的問題。從長期的角度來看，各種創新藥物或療法短期一定是高價，但是其他的學名藥、耗材或是已成熟醫療技術則會回到穩定、合理的價位，就只是差在台灣健保制度如何支付藥廠這些藥品、耗材等等的採購金額。如果從衛服部和健保基金操盤人兩種角度來思考，要怎樣設計健保制度或是進行投資，才有可能讓：1.健保制度轉虧為盈、2.能支付合理的藥價、3.維持健保支付點數三年內不會因為健保點數多報而稀釋到每一健保點數的金額(假設每年四大醫療部門(中醫、牙醫、診所、醫院)，每一部門的上報點數的成長率是1年3%)。

如果健保給付制度是造成醫師和護士血汗、醫院財務收入縮減的原因，那為何還有高達9成的醫院要加入健保體制？請從SWOT分析、PEST分析、或者是其他可能的分析方法或是思考角度，探討可能的原因。

漢意文創

◆文化創意產業概述

高產值、需要Know-How的創意經濟是從開發中國家邁向已開發國家的標誌之一。文化創意產業更是一種高純度的創意經濟產業，因為其不僅是自身可以成為產品，有時也融入其他產業，為其他產業帶來更高的附加價值與效益。所以舉凡歐美和日本等已開發國家，或者是有足夠的文化底蘊以及對文化內容有開創性的國家，例如中國或南韓，文化創意產業已是這些國家提升經濟產值的重要策略。更甚者，文化創意產業更成為經濟主軸，帶動周邊軟硬體和支援產業的發展。對台灣而言，文化創意產業，將會是下一波崛起的產業主軸，甚至會成為政府的經濟政策主軸之一，帶動周邊產業的發展。

根據我國文化創意產業發展法的規定，我國目前的文化創意產業涵蓋如下：一、視覺藝術產業、二、音樂及表演藝術產業、三、文化資產應用及展演設施產業、四、工藝產業、五、電影產業、六、廣播電視產業、七、出版產業、八、廣告產業、九、產品設計產業、十、視覺傳達設計產業、十一、設計品牌時尚產業、十二、建築設計產業、十三、數位內容產業、十四、創意生活產業、十五、流行音樂及文化內容產業、十六、其他經中央主管機關指定之產業。

文化創意產業是新興產業，且是一國的軟實力的展現，其內涵偏向於內容的創造，並有高附加價值，因此各國政府都是不遺餘力地推動文化創意產業。而文化創意產業的背後更有許多硬體設備的支持，連帶推動製造業與相關設備製造商的發展。以韓國為例，韓國政府為促成文化內容轉型與數位化，支持5G行動通訊技術的發展、投入1,462億韓元支援智慧內容市場、投入169.5億韓元補助擴增實境(AR)、虛擬實境(VR)及電腦合成影像技術(CGI)等，推動了硬體設備與技術的發展。另一個文化創意產業大國－日本，針對電影、電視、動漫、遊戲、流行音樂及運用科技技術傳遞影音內容等內容產業領域，提供製作、海外參展等項目之補助。原本的紙本書與期刊雜誌的出版業者積極轉型，以精緻化的內容製作、讀者數據收集為轉型方向。影音娛樂需求的熱度不減，影音串流平台除原本的YouTube、Netflix、Amazon外，2019年又增加了Apple TV+、Disney+等平台，使得全球OTT（Over The Top）影音串流市場規模快速成長。普華永道PricewaterhouseCoopers（PwC）預估，2019年全球文化創意產業市場規模將成長至1.48兆美元，年增率為3.40%。

根據台灣經濟研究院的估計，2019年1～8月我國工業及服務業，每人月平均實質薪資為54,390元，零售業及餐飲業營業額持續成長，民眾對於非必需品之休閒娛樂具有需求，估計2019年國人於休閒與文化消費支出年增率將達到2.97%。我國文化創意產業的產值變化從2015年的5,047.05億元，到2018年的5,362.38億元，2019年的估計有6.70%的成長率，將達到5,721.66億元。截至2019年8月底的資料，我國文創產業中各種產業類別的產值，廣告及專門設計服務業佔47.32%、影片及聲音出

版業佔27.39%、文藝創作及出版業佔13.62%、廣播電事業佔10.06%、其他佔1.62%。

我國的文創產業廠商型態為：家數眾多，且多為中小企業、微型企業或是個人工作室，大型業者占少數。大型廠商執行的業務則偏向演唱會、展演節目等活動票房、電影特效、網路劇後製與製作、DVD、BD影音產品、資訊圖書、高價藝品等。2019年1～9月我國文化創意產業大型廠商整體營業收入為新台幣150.22億元，但比2018年同期衰退6.46%。2019年1～6月我國文化創意產業大型廠商整體合併淨利為新台幣 6.59億元，比2018年同期衰退24.56%。

2019年產業與總體經濟的狀況，電視產業面臨MOD、OTT平台的競爭，訂戶數持續流失，電影總票房不佳，但國人於休閒與文化消費支出持續，演唱會、展演節目及周邊商品銷售佳，帶動相關藝術表演輔助服務需求，整體來看，2019年文化創意的產業與總體環境是持平的。2020年廠商則預測成本會上升，銷售平均單價無法提升，獲利率下降。

行政院主計總處預計2020年我國經濟成長動能將受惠於台

商回台投資、5G行動通訊、邊緣運算、AI及IoT等新興應用持續發展、民間投資穩健成長等等，經濟成長率為2.58%，進而有利於擴增民眾對文化產業的消費。圖13是截至2019年9月底的資料，我國文化創意產業的產值從2015年的5047.05億元到2018年的5372.02億元，整體而言是呈現上升的趨勢，從年增率-1.41%，到6.00%，是有顯著的成長性。而2019年前三季的產值達到3570.75億，但和同期相比，其年增率達到6.67%，因此可以推估，其後續的產值增加應該會持續增長。

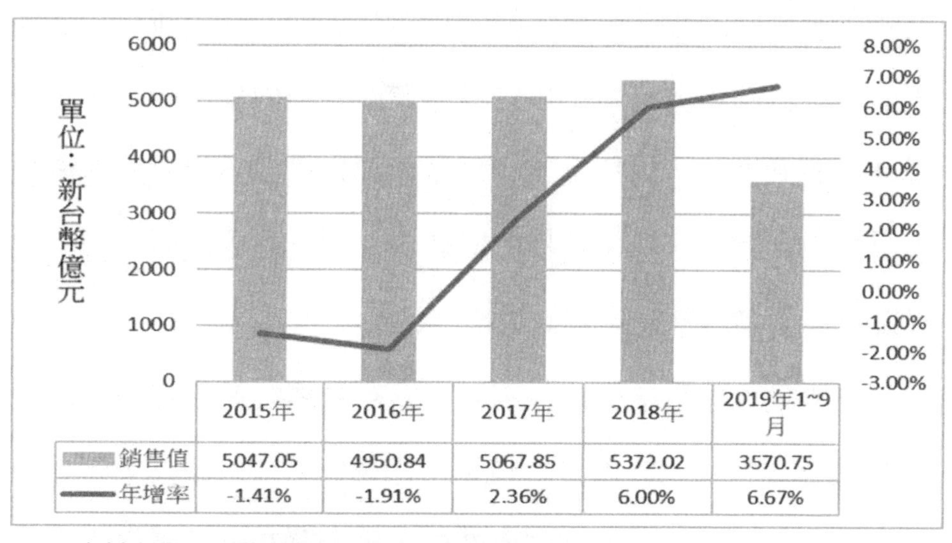

	2015年	2016年	2017年	2018年	2019年1~9月
銷售值	5047.05	4950.84	5067.85	5372.02	3570.75
年增率	-1.41%	-1.91%	2.36%	6.00%	6.67%

資料來源：台灣經濟研究院資料庫分析報告

圖13 我國文化創意產業銷售額趨勢

我國政府在2002年將文化創意產業定義為國家級重點產業，旨在讓「軟實力」成為國家的主流經濟地位，讓台灣的文化創意產業可以輸出，成為亞太文化創意產業的匯流中心。但是台灣在培養文化創意產業時，仍有諸多挑戰：創意與創新人才過度集中在資訊科技與製造業、我國文化創意產業的型態以中小企業為主，資源較缺乏、相較歐美等國家，國內文化創意產業市場不大。

我國設立的文化創意產業園區，類似科技園區的概念，將文化創意產業的相關概念，找到適合其發展的區位並結合軟硬體設施進行利用與發展，以達到產業群聚的效果，吸引更多的人才與資源進駐，再加上文化創意產業是需要透過交流而得到激發創意之效果，透過這樣的模式，是現階段由政府主導的大型文創產業發展基地的有效策略。

近年來各種數位科技，例如：虛擬實境、擴增實境、AI和3D影像顯示技術、立體投影技術、電影特效與音效技術、各種社群平台等，開始融入文創產業中，使台灣文創產業有更多的展示與推廣策略。例如台灣最早應用於文化創意產業的科技是數位典藏計劃，就是將文物轉換成數位檔案以紀錄保存之用，後來也成為博物館宣傳推廣用材料之一；後來各種文化館、博物館、甚至是海生館現場的數位導覽系統、VR和AR的體驗劇場等等，為文化創意產業的實體場域創造了不一樣的體驗效果。

而這些保存場所與體驗環境等等的核心資源就是巨量的數據資料，透過這些巨量資料的分析與運用，才能深入打造體驗環境以及數位服務，文創產業也因為與資訊技術的結合，創造更好的使用者體驗及新的商業模式。

◆文化創意產業的籌資管道

我國文化創意產業，在籌資實務上，有以下幾項可供參考：

1.**創櫃**：台灣的文創廠商大部分是中小企業、微型企業和個人工作室，創櫃就是提供給具有創新概念之非公開發行的微型企業一套「創業輔導籌資機制」，提供「股權籌資」功能但不具交易功能；

以及統籌輔導策略，扶植微型創新企業的發展。在創櫃登板後，會加強企業治理與內控，因此可以吸引更多投資人前去投資。

2.**眾籌**：近年許多眾籌平台成立，在上面有許多創意的產品概念或原型，供有興趣的人觀看並決定是否捐款。也因為只有有興趣的人會捐款的這一特質，變相的是一種市場調查平台，從中也可以發現對於該創新概念或產品原型的接受度。

3.**當鋪**：提供適當之抵押品，就可以從當鋪業進行融資，當鋪業對於申請者的信用門檻會較低，且如果手邊有不容易變現，但是符合當鋪的抵押品資格之物品，可以考慮運用當舖融資。

4.**合夥**：透過合夥集資，可以獲取資金，甚至可以聚集志同道合、有技術的合夥人一起創業，是同時可以聚集資金和人員的一種籌資方式。

個案公司簡介

漢意科技有限公司

漢意科技有限公司，成立於1996年，是位於高雄市仁武區的一間精密零件製造廠，主要生產與代理做工具機零件，全廠為採取嚴格品質管制，並於2006年9月份全廠導入ISO-9001品保系統，建立新、客、速、儉之理念，以向客戶保證負責精神，

以達到永續經營之目標，公司年營業額約100,000,000元。

大連漢意精工有限公司於2003年成立，是漢意科技在大陸投資興建的專業化製造公司，座落在大連經濟開發區，公司引進國外先進設備，台灣高效率的自動化設備，秉承多年專業製造經驗及行業先進技術，按照國際ISO-9002國際品質認證標準。

公司產品廣泛應用於自動化設備，切齒機床、包裝機械、醫療機械、木工機械、食品機械、機密測試儀和汽車製造設備等相關設備，其優良專業品質行銷遍及全球。經營理念： 創造新思維、提升客服能力、提升效率、減少浪費，以達到永續經營的目標。

「創業為艱，守成難」，在目前自動化趨勢產業時代，我們努力塑造學習、挑戰和分享的環境。不斷進步成長已經成為每個公司需具備的成長目標，而“漢意科技”也不例外。面對全球經濟震盪，“漢意科技”在未來更是持續注重創新與產品品質的提升，建立更好的品牌形象，產品持續推陳出新，『工欲善其事，必先利其器』，這句話淺顯易懂，也說明了“漢意科技”的產品能讓客戶更為信賴與大量使用，更是漢意科技公司未來成長的首要目標。

◆產品種類

1. 自有產品：

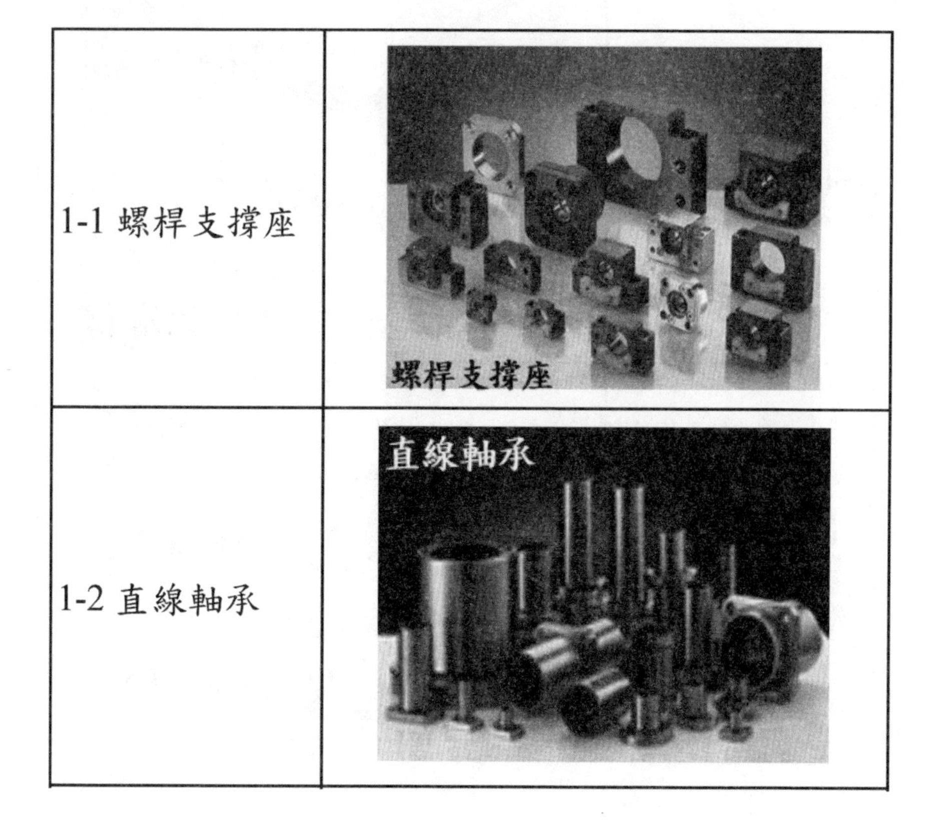

1-1 螺桿支撐座	
1-2 直線軸承	

1-3 直線軸承座&心軸支持座	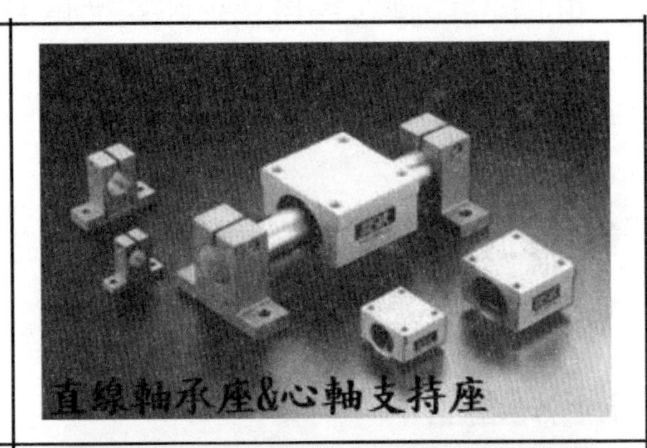
1-4 簡易型滑軌	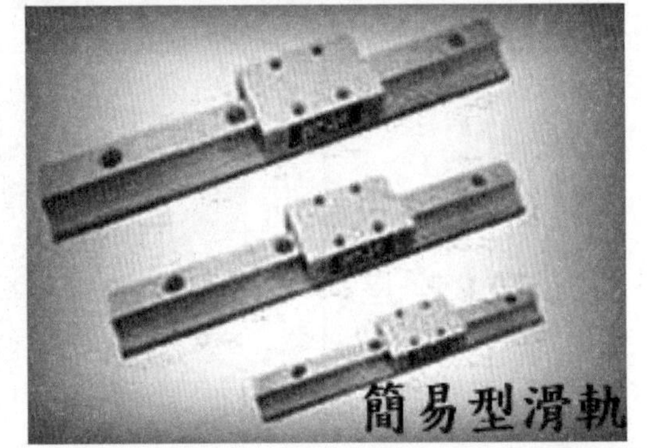
1-5 雙軸心導軌	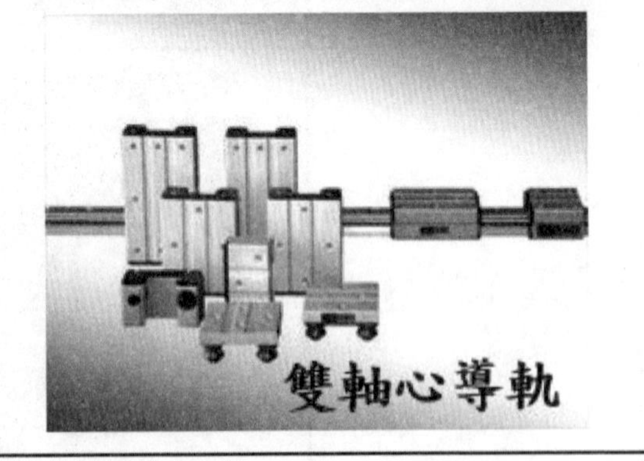

2. 經銷產品：

2-1 軸心	軸心
2-2 滾珠螺杆	滾珠螺杆
2-3 聯軸器	聯軸器

2-4 線性滑軌	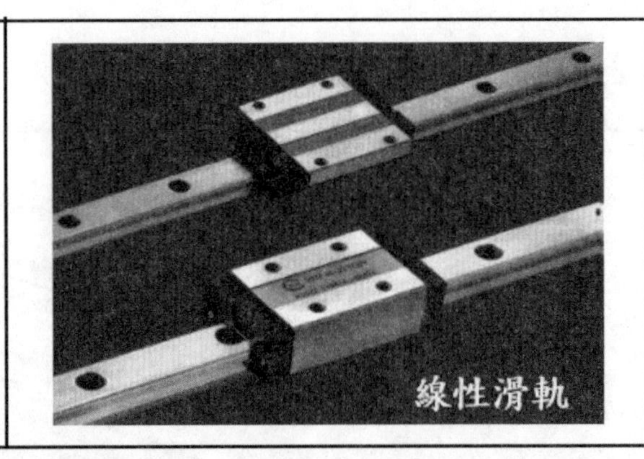

產品作為工具機零件，主要是運用於各種自動化設備，切齒機床、包裝機械、醫療機械、木工機械、食品機械、機密測試儀和汽車製造設備等相關設備，主要執行傳輸運動與滑行運動之機構以及支撐用的機構。產品的使用情境如圖14～圖16所示：

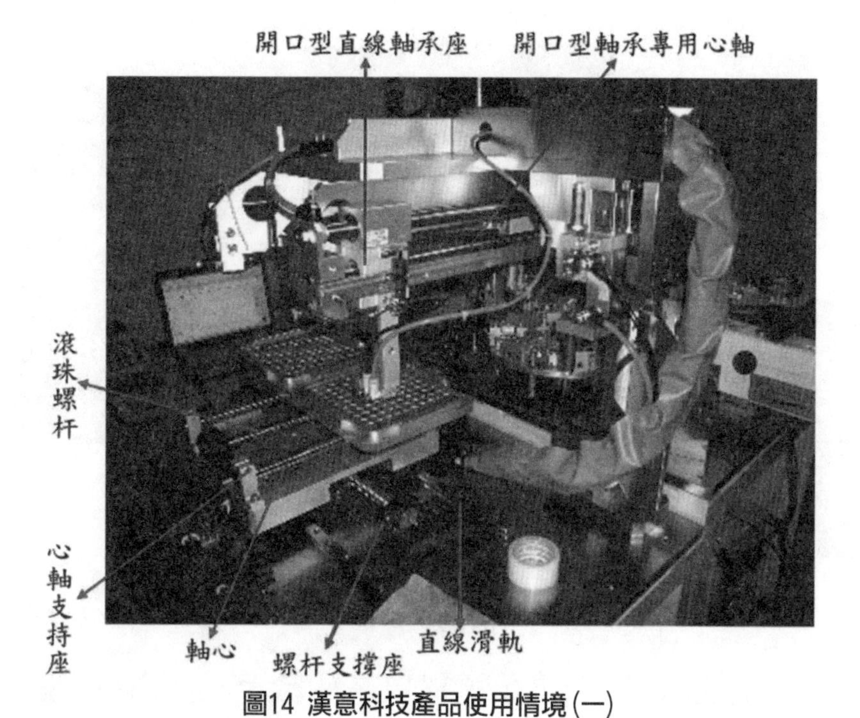

圖14 漢意科技產品使用情境(一)

滾珠螺杆
螺桿支撐座
聯軸器
滑軌
滑塊

圖15 漢意科技產品使用情境(二)

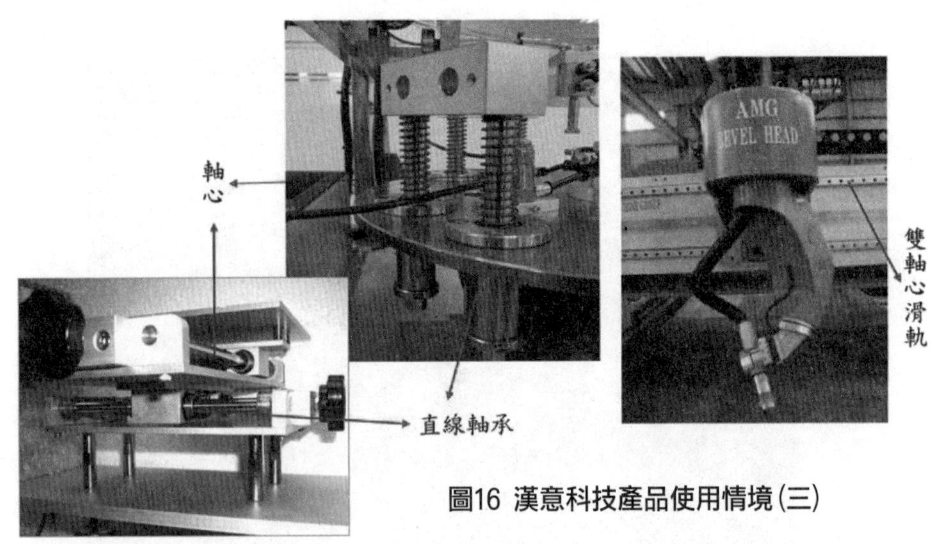

圖16 漢意科技產品使用情境(三)

在2019年，金屬加工用機械設備的產值為902.31億元、專用機械設備的國內和出口產值達到4,124.69億元、通用機械設備的國內和出口產值3523.11億元，三種製造機械產業的產值規模為8,550.11億元。

漢意文創

製造業的生產過程會伴隨著剩下來、不足製造出一單位產品的邊角料，這是因為材料與產品本身的規格使然，但是只要有巧思，這些邊角料也可以轉化為黃金。漢意文創的產品，就是透過巧思與創意，將漢意科技生產過程的邊角料再利用，不僅有漢意科技的材質技術與品質，甚至有漢意文創的創意巧思在裡頭。

漢意科技有限公司在1996年成立時，是做代工(OEM)起家，在2003年時，有感於走品牌經營的路線，才能讓人家看到自己，於是有了想要發展品牌的念頭。發展的過程也一路經歷

了專案控管、通過ISO品質管理認證、2008年金融海嘯、到2013年重新改組成漢意科技等歷程，內部人員是團結與支持並且到現在還是持續的擴展企業的業務，使企業持續成長。

當初想要走品牌的初衷，就是認為一個品牌不只是在賣產品，更是與人的結緣和交往。所以舉凡漢意文創的產品實物，甚至到外部的包裝，都是要展現出一種對人關懷的溫度。所以在外型上、在觸感上、在安全設計上，都是在傳遞為使用者的著想與關懷，讓人家看見我們，希望呈現出來的產品是可以讓人感動的，同時也宣導公司的成員，要重視自己生產的東西，用認真的態度去對待生產的產品，這才是企業要能永續經營的第一步。

漢意文創的產品是偏向於專案與客製化的，每一件產品都代表不一樣的意義，以下是漢意文創的產品實績：

文創-畢業紀念

	企劃：球員球鞋特色配件 提案：緣起於球員們看到學長腳上的off-white後紛紛討論，謝教練偶然間提到這個小故事，創意總監決定給球員們的畢業禮物球鞋上也別上屬於137的吊牌做 雙屬於137的off-white。 使用不鏽鋼材質，保留最原始的媒材，象徵球員經過修煉後，仍該保有本質。

文創-畢業紀念

企劃：畢業球員紀念品 提案：謝教練希望為畢業的球員客製化紀念品，在創意總監與教練討論後，發現謝教練帶球員如帶軍隊一般，著重紀律而非成績，因此企劃了刻有畢業球員代表名字與號碼之吊牌，此吊牌外型如軍牌般，象徵著球員即將離開如軍隊有紀律重合作的團體，期許球員們能夠帶著在球隊所學的"切進"社會。 使用不鏽鋼材質，保留最原始的媒材，象徵球員經過修煉後，仍該保有本質。	

文創-社長就職紀念

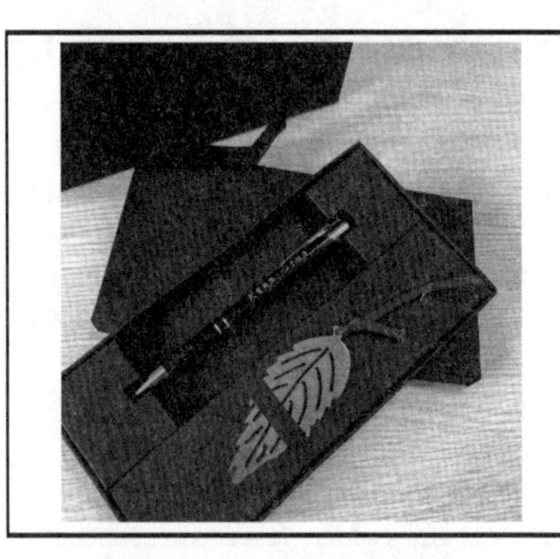	提案：扶輪社成員由企業家們組成，其目的是服務社會上弱勢之族群，因此最實際的就是經濟之考量。因此在與社長討論以及經費考量後，設計了這組大「筆」進財，一「葉」致富，期盼送給與會貴賓們都喜愛的招財祝福，希望貴賓們在事業上都能順利，進而一起付出回饋於社會。

文創-辦公室置物櫃

提案：即使在上班，仍然需要一個小空間，收納自己的小秘密。（例如：零食），因此以國外影集常出現的，大學生都有一個自己的置物櫃為出發，讓置物櫃不再是開放空間，而是員工自己的一座小天地，讓他們盡情設計屬於他們的櫃內空間。	

文創-事項公告牌

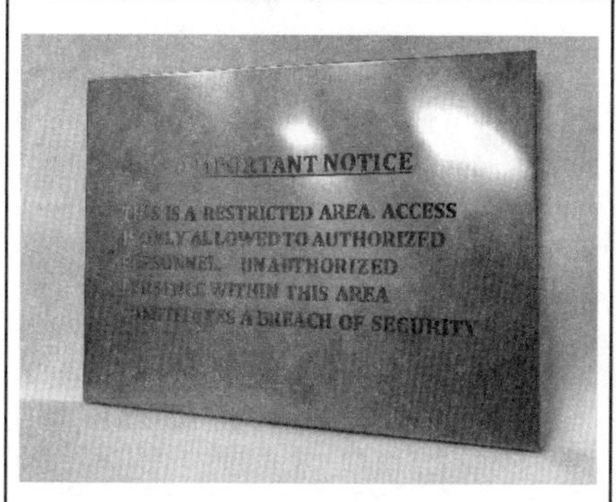

提案：博物館與美術館中，常會看見這樣的說明牌蹤影，端莊且靜謐。
現在，您也可以在自己的公司、住家、活動場所，刻上您的座右銘或是最喜歡的話，或任何事！
運用在述說一段值得歌頌的故事時，最適合。

文創-櫃檯後方招牌

企劃：櫃檯後方招牌
提案：一間公司迎來貴客的第一印象極為重要，因此高貴低調但不庸俗的設計，最能襯托濠廣國際企業之特色以及老闆夫婦之特質，使用簍空背後打燈之設計，讓早晚看見時都有不同的氛圍與感受，也象徵著企業全年無休。

文創-櫃檯擺設

	企劃：花架與手機座（名片座） 提案：不管是櫃檯或是辦公桌，都是人們時常駐留許久的地方，當桌上的風景只剩下雜亂的文件後，是不是能有 席之地留給我們？因此有了花架以及可當名片架與手機架之文創品產生。上方簍空的花樣，更是能依照不同需求客製化，作為賓客伴手禮時，更能將LOGO或是圖樣設計在上頭，擁有更多的面積可以發揮。

◆ 個案財務管理策略分析

以我國工藝型文創之特色進行分析，工藝型文創產品是兼具外觀的創意意象以及功能性的結合。而且工藝型文創產品趨近於生活應用與廣泛的產品應用領域，從原本強調職人心態的手工生產方式朝向批量生產的模式，工藝型文創產品逐漸以消費者需求為核心，而不再試圖強調其設計與造型的獨特創意。

通常，新的業者，尤其是微型或是工作室，因為資源相對中小型企業或是大型企業是更加稀少，缺乏行銷通路。以及工藝型文創產品的產品原料非常多元，價格範圍廣大，產業聚落較難形成，材料取得相對困難，所以造成工藝型文創業者的材料供應以及成本的變動風險是很大的。

漢意文創，其母公司漢意科技本身是專營機械設備零件生產製造與代理的業務，目前是處於金牛的事業群裡，因此企業有穩定的現金流量，可以做為漢意文創的資金來源，再加上其生產過程有許多的邊角料，可轉化為漢意文創的產品材料，所以在雙方的材料和廢料處理上，是可以達到節省成本以及轉化為原材料的製造綜效。

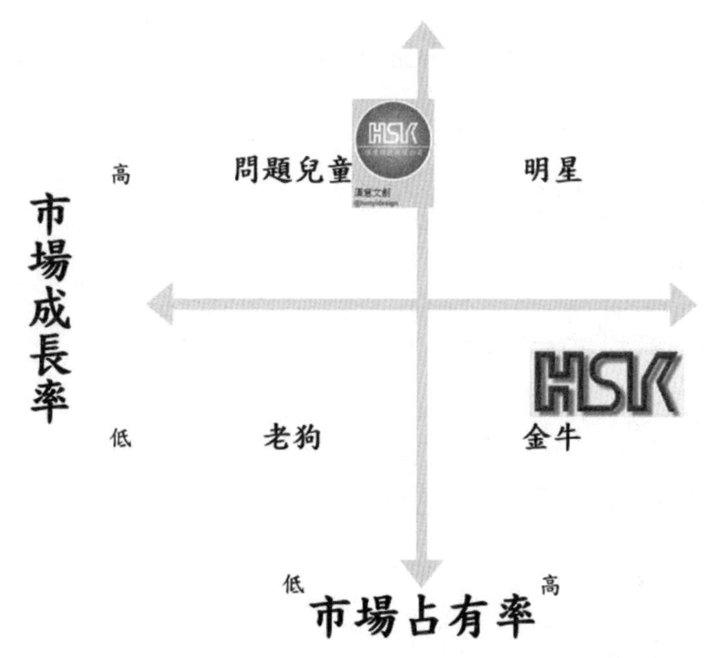

圖17 漢意科技股份有限公司與漢意文創的BCG矩陣分析

從圖17的BCG矩陣可以看出漢意科技與漢意文創在個別所屬的市場中的成長率以及佔有率。值得一提的是，文創產業是屬於高度成長的產業，但是漢意文創在市場上是相對較新的廠商，雖然有漢意科技提供資金與原材料的支援，但是要如何站穩在產業中的位置，還需要後續的策略規劃與執行，因此目前是位於問題兒童的階段。

所以，推測漢意文創未來的策略會以業務擴展為優先考量，藉由客戶的口碑，再擴大漢意文創的品牌形象，進而拓展業務。漢意文創的財務結構整理條列如下：

收入：

1.漢意科技的資金。

2.漢意文創的銷售收入。

3.與漢意科技共用材料(邊角料)。

成本：

1.固定成本－雷射雕刻機。

2.人事成本。

3.業務推廣成本。

其中第1、2項成本是必須的支出，第3項成本與其策略是相關的，因此評估漢意文創如果未來策略目標是業務擴展，將有可能加強資金投資於業務推廣之上，以達到擴展業務的策略目標。

個案議題反思

文化創意產業，是很有發展性的產業，在台灣有很高的關注度，假設今天讀者是某一間社會企業的負責人，想要推動社區活化與再造，並將社區的文化概念轉換為市場價值。請問讀者會擬定何種策略達成該目標？該策略目標的評估指標有哪些？ 要達成這樣的策略目標，該如何設定財務策略以支持該策略目標之達成？ 假設目前有以下的財務資源以及募資措施：

財務資源：

1.可動用之營運資金：$300,000.00

2.從募資平台募得的基金：$1,000,000.00

募資措施：

1.眾籌平台

2.當鋪

3.親友

4.孵化器

5.創櫃

嚴重特殊傳染性肺炎COVID-19

當一個特殊事件席捲全球，以前所未見的規模，影響著全球政治、經濟、社會和科技層面時，是考驗世界各國如何應變作為的時刻。嚴重特殊傳染性疾病COVID-19於2019年底發生。從2020年開始COVID-19迅速從中國蔓延至世界各國，演變成全球大流行，截至2020年5月26號為止的資料，全球確診人數達553萬人，死亡人數達到34.7萬人，該疾病以病人肺部發炎和全身性病毒感染。目前針對該病毒，世界各國的措施可歸納出：病毒篩檢、居家隔離、ICU、口罩防護、社交距離、勤洗手、器皿消毒、各種藥物和支持性療法，目前正朝向各種新藥與疫苗的開發邁進。

而COVID-19的爆發，直接面對的第一線醫療現場，到醫院看診的人數減少，但是需要增加人力支援醫療機構門口的篩檢

站業務。所以醫療機構的執業收入減少。醫療機構為因應這樣的疫情，遠距視訊醫療將可能是未來的一種醫療選擇，除了降低面對面接觸的機會，也讓有需要的病患可以不用到醫院就可以接受醫療服務，讓病患有更多的選擇。

對世界經濟的衝擊，也使各國經濟活動陷入停滯現象，預計今年全球經濟將是負成長3.0%，而美國、歐盟、中國大陸分別為-0.2%、-1.5%、-3.9%。根據經濟學人的預估，這一波的疫情也將對全球供應鏈造成影響，其中又以高科技產業的風險是最高的，再來是汽車和醫療藥品。

引述經濟部統計處的專題報告結論以及台灣經濟研究院研究報告之資料，疫情對台灣當前的產業狀況，零售、餐飲和觀光業影響較深。

因疫情減低民眾外出頻率，零售、餐飲業到今年3月的產值分別年減3.4%、21.0%，而觀光業的來台遊客人數更是下降了6.31%，惟疫情蔓延全球，最終消費者的需求下降，國際原物料價格大幅滑落，而且我國民眾減少外出購物活動，零售業營業額年減3.4%。但各地疫情的影響程度不一樣，例如百貨公司、其他綜合商品零售業、布疋及服飾品零售業、家用器具及用品業、燃料零售業等，是受到損失的行業種類；超級市場及量販店、便利商店、電子購物及郵購業等則是成長的行業種類。而我國餐飲業中，餐館業2020年第一季的營業收入減少5.9%；但是外送服務功能的業者，其營業衝擊相對於無外送服務功能的業者較小。

觀光產業則是從中國的COVID-19在1月開始升溫並全球蔓延的時候，世界各國開始限制或禁止旅遊以及外國人口進入，我國的航空業與旅館住宿業相繼出現退訂潮，預估2020年第一季在觀光相關產業都是大模衰退的趨勢。

部分製造業則是在這波疫情下有成長的現象。我國製造業廠商受惠於遠端網路相關設備、5G基礎建設、高效能運算、AI、IoT、AR、VR等新興科技應用擴增、及臺商回臺擴廠，製造業生產年增11.1%，2020年1～2月我國出口、製造業生產分別年增6.3%、8.3%。因為疫情導致全球供應鏈停止、最終消費者不外出導致消費量下降，但遠距工作、線上學習、線上會議、遠距醫療、網路消費等活動，對網路設備、雲端伺服器、筆記

型電腦及相關軟體設計開發與維護之需求增加，可望減緩對經濟之衝擊。

個案議題反思

COVID-19對於全球的影響層面是全面性的。身處這樣的情境中，假設讀者是多間企業的擁有者(非經營者)、有投資各種金融商品、了解各種投資管道，此時讀者要如何進行財務策略規劃，才能因應這一次疫情對自身財物的損害？

引用文獻

Atanasov, V. A., & Black, B. S. (2016). Shock-based causal inference in corporate finance and accounting research. Critical Finance Review, 5, 207-304.

Bazdresch, S., Kahn, R. J., & Whited, T. M. (2018). Estimating and testing dynamic corporate finance models. The Review of Financial Studies, 31(1), 322-361.

Bolton, P., Wang, N., & Yang, J. (2019). Optimal contracting, corporate finance, and valuation with inalienable human capital. The Journal of Finance, 74(3), 1363-1429.

Cloyne, J., Ferreira, C., Froemel, M., & Surico, P. (2018). Monetary policy, corporate finance and investment (No. w25366). National Bureau of Economic Research.

Costa, D. F., Carvalho, F. D. M., & Moreira, B. C. D. M. (2019).

Behavioral economics and behavioral finance： A bibliometric analysis of the scientific fields. Journal of Economic Surveys, 33(1), 3-24.

COVID-19全球疫情地圖 (2020)。5月26日即時狀況。

檢索日期2020年5月26日，取自於：https：//covid-19.nchc.org.tw/dt_002-csse_covid_19_daily_reports_country.php。

Dang, C., Li, Z. F., & Yang, C. (2018). Measuring firm size in empirical corporate finance. Journal of Banking & Finance, 86, 159-176.

De-Grauwe, P., & Grimaldi, M. (2018). The exchange rate in a behavioral finance framework. Princeton University Press.

Fracassi, C. (2017). Corporate finance policies and social networks. Management Science, 63(8), 2420-2438.

García-Meca, E., López-Iturriaga, F., & Tejerina-Gaite, F. (2017). Institutional investors on boards： Does their behavior influence corporate finance？. Journal of Business Ethics, 146(2), 365-382.

Gulen, H., Jens, C. E., & Page, T. B. (2019). An application of causal forest in corporate finance： How does financing affect investment？. Available at SSRN： https：//ssrn.com/abstract=3583685 or http：//dx.doi.org/10.2139/ssrn.3583685.

Hoberg, G., & Maksimovic, V. (2019). Product life cycles in corporate

finance. Available at SSRN： https：//ssrn.com/abstract=3182158.

Malmendier, U. (2018). Behavioral corporate finance. In Handbook of Behavioral Economics： Applications and Foundations 1 (pp. 277-379). North-Holland.

MBA智庫百科(2013)。企業理財。

檢索日期2020年3月15日，取自於：https：//wiki.mbalib.com/zh-tw/%E4%BC%81%E4%B8%9A%E7%90%86%E8%B4%A2。

Mitton, T. (2019). Methodological Variation in Empirical Corporate Finance. Available at https：//www.researchgate.net/publication/330205651_Methodological_variation_in_empirical_corporate_finance.

Rickards, J. (2019). 全民健保面臨迫在眉睫的挑戰。

檢索日期2020年4月22日，取自於：https：//topics.amcham.com.tw/2019/05/%E5%85%A8%E6%B0%91%E5%81%A5%E4%BF%9D%E9%9D%A2%E8%87%A8%E8%BF%AB%E5%9C%A8%E7%9C%89%E7%9D%AB%E7%9A%84%E6%8C%91%E6%88%B0/。

Stauffer, D.等著，吳佩玲、黃晶晶譯(2016)。跟著哈佛鍛鍊財務基本功：打通財務任督二脈，讓經理人——嫻熟財務語言+精通數據決策+掌握利潤管理。台北市：哈佛商業評論全球繁體中文版。

The Economist (2020). The new coronavirus could have a lasting impact on global supply chains. Retrieved April 22, 2020 from the World Wide

Web： https：//www.economist.com/international/2020/02/15/the-new-coronavirus-could-have-a-lasting-impact-on-global-supply-chains.

三顧股份有限公司(2019) 中華民國一O七年度年報。

檢索日期2020年3月15日，取自於：http：//www.metatech.com.tw/invest/meeting_report.aspx。

小瑜連鎖 (2019)。全球醫美現狀分析。

檢索日期2020年2月18日，取自於：https：//kknews.cc/zh-tw/health/oajzxnp.html。

太平洋醫材股份有限公司 (2019)。中華民國一〇七年度年報。

檢索日期2020年3月15日，取自於：http：//tw.pahsco.com.tw/investment-31。

文化部 (2019)。文化創意產業發展法。

檢索日期2020年4月22日，取自於：https：//law.moj.gov.tw/LawClass/LawAll.aspx?pcode=h0170075。

台灣經濟研究院產經資料庫 (2019)。我國醫療器材及設備製造業產品優勢群組分析圖。

檢索於2020年1月27日，自台灣經濟研究院產經資料庫。網址：https：//tie-tier-org-tw.autorpa.lib.nkust.edu.tw/db/reference/data_source_content.aspx?sid=0J251624279890938868。

全國法規資料庫 (2014)。公開發行公司建立內部控制制度處理準則。

檢索於2020年2月23日，自全國法規資料庫。網址：https：//law.moj.gov.tw/LawClass/LawAll.aspx？pcode=G0400045。

行政院 (2020)。國情簡介－全民健康保險。

檢索日期2020年4月22日，取自於：https：//www.ey.gov.tw/state/A01F61B9E9A9758D/fa06e0d2-413f-401e-b694-20c2db86f404。

行政院主計總處 (2016)。行業標準分類-第10次修訂。

檢索日期2020年4月22日，取自於：https：//mobile.stat.gov.tw/StandardIndustrialClassificationContent.aspx？RID=10&PID=UQ==&Level=1。

吳忠勳等(2019)。2019生技產業白皮書。台北市：工業局。

吴世农 (2019)。公司财务与金融。科学观察，14(1)，61-63。

呂傑華、劉百佳 (2017)。從 [驛站] 到 [藝棧]-文化群聚的公眾治理及空間排除。都市與計劃，44(4)，399-422。

张丽琴 (2011)。现代企业成本控制探讨。现代商贸工业，1，38-39。

杨群 (2018)。现代企业成本控制探讨。经贸实践, 14, 230-232。

汪志忠、陳美甜 (2013)。文化群聚之關鍵發展因素分析： 台中創意文化園區的個案分析。公共事務評論，14(1)，87-106。

林明村、鄭紹材、余文德. (2012)。運用銀行融資方法分析太陽光電發電系統建置之財務可行性。營建管理季刊，(92)，37-49。

林淑綿 (2014)。微創正夯-從全球微創手術醫材市場看我國發展概況。

檢索日期2020年4月22日，取自於：工研院IEK，https：//www2.itis.org.tw/netreport/NetReport_Detail.aspx？rpno=119287621。

林淳鈺、黃子綾、林宏謙、彭賢禮、王德華 (2020)。與醫美醫師有約：談兩岸醫美發展現況。臺灣醫界，63(4)，75-78。

金家禾、徐欣玉 (2006)。影響創意服務業空間群聚因素之研究—以台北中山北路婚紗攝影業為例。國立台灣大學建築與城鄉研究學報，(13)，1-16。

侯啟娉、蔡玉琴、倪伯煌、李子文 (2017)。財務績效，公司稅與企業社會責任揭露。商管科技季刊，18(1)，75-100。

洪文怡 (2019)。我國再生醫療製劑管理現況。

檢索日期2020年3月15日，取自於：衛生福利部食品藥物管理署藥品組，http：//www.fda.gov.tw。

科妍生物科技股份有限公司(2019)。中華民國一〇七年度年報。

檢索日期2020年3月15日，取自於：http：//www.scivision.com.tw/big5/info_show.php？sn=9&nid=47。

翁鶯娟、張紹基 (2017)。併購與策略聯盟在公司理財文獻之回顧與展望： 亞洲市場之研究。NTU Management Review，163。

梁宜峰(2019) 2020年我國醫療保健服務業產業分析。

檢索於2020年1月27日，自台灣經濟研究院產經資料庫。網址：https：//tie-tier-org-tw.autorpa.lib.nkust.edu.tw/db/content/index.aspx？sid=0J296540717533332868&mainIndustryCategorySIds=0A007646513246037936。

梁宜峰(2019) 醫療保健服務業基本資料。

檢索於2020年1月27日，自台灣經濟研究院產經資料庫。網址：https：//tie-tier-org-tw.autorpa.lib.nkust.edu.tw/db/content/index.aspx？sid=0J330579219849699659&mainIndustryCategorySIds=0A007646513246037936。

梁宜峰(2019) 醫療保健服務業景氣動態報告。

檢索於2020年1月27日，自台灣經濟研究院產經資料庫。網址：https：//tie-tier-org-tw.autorpa.lib.nkust.edu.tw/db/content/index.aspx？sid=0J150631667389558635&mainIndustryCategorySIds=0A007646513246037936。

梁宜峰(2020)。醫療保健服務業訪談報導-再生醫療現況與醫療保健產業趨勢發展。

檢索於2020年3月25日，自台灣經濟研究院產經資料庫。網址：https：//tie.tier.org.tw/db/article/list.aspx？code=IND16-13&ind_type=midind。

陳玉婷 (2016)。文化創意產業訪談報導－文創產業籌資管道探討。

檢索於2019年10月15日，自台灣經濟研究院產經資料庫。網址：https：//tie.tier.org.tw/search/index.aspx？keyword=%a4%e5%a4%c6%b3%d0%b7N%b2%a3%b7%7e%b3X%bd%cd%b3%f8%be%c9%a1%d0%a4%e5%b3%d0%b2%a3%b7%7e%c4w%b8%ea%ba%de%b9D%b1%b4%b0Q。

陳玉婷 (2019)。文化創意產業之現況與展望。

檢索於2020年1月27日，自台灣經濟研究院產經資料庫。網址：https：//tie.tier.org.tw/db/article/list.aspx?code=IND32&ind_type=topind。

陳玉婷(2019)。文化創意產業之現況與展望。

檢索於2020年1月27日，自台灣經濟研究院產經資料庫。網址：https：//tie.tier.org.tw/db/article/list.aspx?code=IND32&ind_type=topind。

陳玉婷(2020)。2020年文化創意產業景氣趨勢調查報告。

檢索於2020年1月27日，自台灣經濟研究院產經資料庫。網址：https：//tie.tier.org.tw/db/article/list.aspx?code=IND32&ind_type=topind。

麥茵茲美型診所 (2020)。麥茵茲大事紀。

檢索日期2020年1月15日，取自於：https：//www.mainz.com.tw/index.php/article/。

甯家洋 (2017)。文化產業人力供需趨勢。臺灣經濟研究月刊，40(9)，43-50。

楊家豪 (2020)。2019新型冠狀病毒肺炎武漢疫情對台灣觀光旅遊業的影響。

檢索於2020年1月27日，自台灣經濟研究院產經資料庫。網址：https：//tie.tier.org.tw/search/index.aspx?keyword=%b7s%ab%ac%aba%aa%ac%aff%acr%aa%cd%aa%a2%aaZ%ba%7e%ac%cc%b1%a1%b9%ef%a5x%c6W%c6%5b%a5%fa%ae%c8%b9C%b7%7e%aa%ba%bcv%c5T。

經濟部統計處 (2020)。當前經濟情勢概況(專題：疫情干擾下的

零售與餐飲業)。

檢索日期2020年4月22日，取自於：https：//www.moea.gov.tw/Mns/dos/bulletin/Bulletin.aspx?kind=23&html=1&menu_id=10212&bull_id=6865。

經濟部統計處 (2020)。當前經濟情勢概況(專題：逆勢成長的製造業)。

檢索日期2020年4月22日，取自於：https：//www.moea.gov.tw/Mns/dos/bulletin/Bulletin.aspx?kind=23&html=1&menu_id=10212&bull_id=6865。

達爾膚生醫科技股分有限公司(2019) 中華民國一O七年度年報。

檢索日期2020年3月15日，取自於：https：//www.drwu.com/website_content.php?sn=133。

漢意文創 (2020)。漢意文創粉絲專頁。

檢索日期2020年5月26日，取自於：https：//www.facebook.com/hanyidesign/。

劉宜君 (2015)。桃園市文化創意產業聚落之初探性研究： 地理資訊系統之途徑。國家與社會，(17)，105-152。

衛生福利部醫事司 (2019)。衛福部已公布168家美容醫學手術機構，保障民眾就醫安全與權益。

檢索日期2020年4月22日，取自於：https：//www.mohw.gov.tw/cp-16-48371-1.html。

鄭椀予 (2017)。台灣文創群聚個案分析。臺灣經濟研究月刊，40(12)，52-59。

鄭雅心、施翔云 (2017)。文化科技產業化與建構文化創意融合帶。臺灣經濟研究月刊，40(12)、67-74。

魏琪珍 (2018)。微創手術即智慧輔具相關產業未來發展。塑膠工業技術發展中心生醫驗證組。

檢索日期2020年4月22日，取自於：http：//webcache.googleusercontent.com/search？q=cache：7bzxh8qk66MJ：space.pidc.org.tw/url.php/585659592f64554775712b5162416f67427874447a314d586e5250726c6776526d49783245657a616951513d.pdf+&cd=1&hl=zh-TW&ct=clnk&gl=tw。

鐿鈦科技股份有限公司 (2019)。中華民國一O七年度年報。

檢索日期2020年3月15日，取自於：http：//ir.intai.com.tw/？act=shareholderinfo&uf_type_id=2019。

國家圖書館出版品預行編目(CIP)資料

財務策略個案分析 / 李博志, 陳延宏著. -- 臺北市 : 種籽文化, 2020.07
面； 公分
ISBN 978-986-98241-9-4(平裝)

1.財務策略 2.財務管理 3.個案研究

494.7 109009045

Vision 2

財務策略個案分析

作者 / 李博志• 陳延宏 合著
發行人 / 鍾文宏
編輯 / 種籽編輯部
行政 / 陳金枝

出版者 / 種籽文化事業有限公司
出版登記 / 行政院新聞局局版北市業字1449號
發行部 / 台北市虎林街46巷35號1樓
電話 / 02-27685812-3 傳真 / 02-27685811
e-mail / seed3@ms47.hinet.net

印刷 / 久裕印刷事業股份有限公司
排版 / Cranes工作室 白淑芬
總經銷 / 知遠文化事業有限公司
地址 / 新北市深坑區北深路3段155巷25號5樓
電話 / 02-26648800 傳真 / 02-26640490
網址 / http;//www.booknews.com.tw(博訊書網)

出版日期 / 2020年07月 初版一刷
郵政劃撥 / 19221780 戶名 / 種籽文化事業有限公司
◎劃撥金額900元以上者(含)，郵資免費。
◎劃撥金額900元以下者，訂購一本請外加郵資60元。
訂購兩本以上，請外加80元。

訂價：260元